下一個十年
香港的光榮年代？

下一個十年

香港的光榮年代？

陳冠中

OXFORD
UNIVERSITY PRESS

Oxford University Press is a department of the University of Oxford.
It furthers the University's objective of excellence in research, scholarship,
and education by publishing worldwide. Oxford is a registered trade mark of
Oxford University Press in the UK and in certain other countries

Published in Hong Kong by
Oxford University Press (China) Limited
39th Floor, One Kowloon, 1 Wang Yuen Street, Kowloon Bay,
Hong Kong

First Edition published in 2008
This Paperback published in 2012

ISBN: 978-0-19-396670-3 HB
ISBN: 978-0-19-398940-5 PB

3 5 7 9 10 8 6 4 2

下一個十年
香港的光榮年代？

陳冠中

目　錄

二

九十分鐘香港社會文化史

最近四次演講，講的是香港的社會文化史，最短的一次四十分鐘，最長的一次九十分鐘，每次都把時間長度寫上，表示這個題目長有長講，短有短講，是帶着選擇性的。有人會問，這麼大的題目在哪怕是九十分鐘內能講得清楚嗎？確是會掛一漏萬，不過，換個角度想，大部份人包括許多香港人在內一生中恐怕也沒有花過幾十分鐘去聽香港社會文化史，故此如果我能夠一次性的用幾十分鐘説一下這個題目，大概有些讀者聽眾還是會覺得有價值的。演講中提到的歷史資料並不是我發掘出來的，而是別的專家學者的研究成果及過來人留給我們的文字記錄，我只是在尊重史實的前提下，選擇性的把它們串起來而已。要到了演講的最後幾節，談到七十、八十年代的事，我才有點第一身的經歷可以加進去。我想解答的其中一個命題是：香港文化是如何演變出來的？為此有必要細説從頭。

一

現在我們所説的香港，是包括新界、九龍半

十九世紀畫家筆下的香港。

島、香港島，以及超過兩百個大大小小離岸的島嶼海礁的。

香港最早的居民可能不是漢族的，但從出土古墓看，至少自東漢開始就有漢人定居。唐朝曾在今日屯門設鎮駐軍，而宋朝在一二七七年曾在此建立最後帝都，這些都不說了。

香港最早的書院是鄧符協在錦田建的力瀛書院，建於宋代。到了清代，由定居者設立的書院、書室計有四十多所。這一點已很好的說明香港雖處於大陸的最南端，卻並非中華文化的化外之地。

單說香港島，那又是甚麼狀況？穿鼻草約後，英人義律（Charles Elliot）率眾在一八四一年一月佔領香港島。當時的英國外交大臣巴麥尊很生氣，他本來叫義律在舟山群島搶一個島，但義律卻自作主張拿了香港島，一個在巴麥尊眼中是「幾乎空無一屋的荒島」。這句話後來被不斷引用，但我們不要把這句話當真，這是一個英國人用來罵另一個英國人的氣話，並不是對事實的描述。

英國人佔領香港島後，義律做了一件事：下檄安民。

為甚麼要安民？因為當時香港島已經有五千至七千居民，並不是荒島。

另外一個常見的說法是香港在鴉片戰爭前只是個漁村。這說法也稍有誤導，因為不是只有一個漁村，而是有很多個村或定居點如石排灣、黃泥涌、

十九世紀中的維多利亞港。

鶴嘴、柴灣、大潭、田灣、灣仔、大潭篤、掃桿埔、石澳、薄扶林等，而且都不是三家村，有些定居點已經是有相當規模的，譬如在石排灣即現在的香港仔一帶約有二百幢房子，足以促使英人將該地改個他們熟悉的名字叫阿巴甸。一名美國傳教士發現赤柱有五百八十居民，分本地（廣府）、客家、潮州（鶴佬、福佬）三系，另有商戶一百四十五家。

當時，香港島除漁民外，還有務農的，說不定還有製香出口的手工業，更有已形成市集的鎮頭和貿易港口如赤柱、筲箕灣、石排灣。

我以前常以「開埠」來說殖民地的開始，這個說法是有點用了殖民者的眼光來看香港的，其實在鴉片戰爭前，香港已經是中式的埠。

當時一些在赤柱、石排灣、鴨脷洲、銅鑼灣等地的廟宇，都藏有十八世紀的鐘鼎，顯示它們的成立已有一段日子。

一八三八年，在離島大嶼山的大澳有一一九家商戶捐款重修天后廟，一八四一年又有九十八家捐助洪勝廟。可見離島在鴉片戰爭前也不是化外之地。

更有英人在一八四一年四月記載說，他們在石排灣發現一家學校，讓他們想起老家的村校。稍後的記載說該校校長除留了辮子外，神態舉止都像英國學校的校長。香港島在英國人來到前也有書室。

從本文的主旨而言，我這裏想建立的是香港包括香港島在成為殖民地的那刻，文化上並不是從零開始，而是帶着中華文化進入殖民地時期的。

二

義律的檄文很有預言意義，他說島上居民及華人將依照中國的法律和鄉規民約來管治，除了一條：不准使用酷刑。

另外，義律宣佈香港為自由港。

不久後，因為英廷包括維多利亞女皇的不滿，義律被調走，但他的想法雖然沒有全部但在很大程度上將成為香港的現實。

這裏必須說明一下英國式殖民地政策的特點，就是沒有一以貫之的政策。

北美是吸納大量移民的殖民之地。在印度用的是所謂間接控制，而英人統治印度超過四百年卻要到十九世紀中才承認那是殖民地。在非洲的尼日利亞，英國殖民者把一塊超過二百五十個部族的土地劃為一個殖民地。在西非的加納，當地的阿山提王朝已不是我們一般想像中的部落社會，而是接近當代意義上的民族國家，有典章制度官僚組織，故此當英人入侵時，有組織的反抗也特別激烈，後來英國人不只把阿山提王朝顛覆掉，並把人家的首都、一度繁華媲美同期歐洲城市的庫麻西整個毀滅。

不過，對一些港口殖民地，如直布羅陀、馬爾太、塞浦路斯、馬六甲、新加坡、香港，英國殖民者的手法有類似之處：這些殖民地都是海軍基地兼貿易港，目的是借以跟大陸腹地做買賣或掠奪資源，本身既不是重點殖民之地，也不是原料產地或英國工業製成品的消費終站。

同時，英國式殖民主義並不打算同化當地人，也不覺得有責任把殖民地居民納為英國公民。故此，殖民者沒必要去改造當地社會肌理和居民行為，結果當地社會文化因為受忽略反而得以延續，並因為是自由港，遂出現多元文化並存及國際化，即今人所說的多文化主義局面。

當然，這些港口殖民地後來的發展並不相同，譬如塞浦路斯至今還有龐大的英軍基地，而且在二戰後受英國人的蓄意挑撥而出現希臘裔和土耳其裔居民的分裂衝突。故此，這裏不存在替英國殖民主義說好話的問題，而是想如實理解一些歷史。

英廷在香港用總督制，如同在牙買加、毛里裘斯。第一任港督砵甸乍及第二任港督戴維斯修改了義律的完全依中國法律來管治在港華人居民的承諾，認為如果在港華人不遵從英國法律，香港便無法有效管理。自此以後香港以英國法律治理，卻同時保留大清律例及鄉規民約。

殖民地的首任按察司即檢察長休姆說，香港華人最大的特權是公平享受英國法律。這是香港式法治的開始。

其實並不是完全公平，華人判刑一般比歐人

英國殖民地之前已在的文武廟。

重，另外打籐體罰的笞刑一般也只及華人。

不過，相對於當時的中國，香港的法治還是被肯定的。清廷出使外國的名臣如劉錫鴻、張德彝、郭嵩燾都到過香港，見證殖民地法治，並特別讚揚香港的監獄——不用說，以今天的眼光，當時的法治、當時的監獄，都是有所不足的。

戴維斯説，殖民地靠着提供法律保障，就會奇蹟般吸引富裕的華人來新殖民地。他這話將逐漸應驗，尤其到了二十世紀。

法治的自由港，這個傳統可以説是在殖民地早期就建立起來的。另外還有一個早期定下來的政策影響深遠，就是華人可以自由的進出香港與大陸，不管他是否香港原居民。以後香港社會的變化，都可以跟人口的漲潮退潮——多少大陸人移入香港，多少居民移離香港——拉上關係。

至於華人的社會，早期殖民地政府不單不想花大力氣去改造，反而搞了點隔離主義政策，劃定港島某些地區及離島長洲不准華人進住，並在一八八八年訂出歐人住區保護法和一九一〇年的山頂保留法。這些帶歧視的法例要到二戰後才取消。隔離政策意味着殖民者一度希望華人居民自生自滅，而後者也只得自助自救。

不過，就算為了殖民地的繁榮穩定，殖民者自身的衛生、安全、子女教育、郊遊等福利，加上部份西方人的人道改良訴求，殖民地政府也會見步行步的對華人社會有所動作，而不會在政策上一成不變。

殖民地在一八七一年立法除賭馬外禁賭，但並不太有效。

政府及本地改革人士試圖廢除華人社會的妹仔（女婢）制，從十九世紀八十年代拉扯到一九二九年才立法，並要到五〇年代才能有效杜絕妹仔買賣。

殖民地為了管治也曾訂立一些違反英國法治精神的法例，例如出版要有人擔保，集會要取得政府許可，後來更有政策限制工會活動。

不過總的來說殖民地沒有使勁改造華人社會，故此鄉規民約仍被遵從，如至今特區的鄉鎮，原居民土地仍然是傳子不傳女，豁免於其他強調男女平等的現代法例之外。

清代法律在大陸隨民國的成立而終結，但在香港，最後一條有關婚姻習俗包括納妾的大清律例則要到一九七一年才被香港的成文法取代。

另外，早期殖民地政府及洋教會也涉入辦西式學堂；如從馬六甲搬來香港的英華書院，從廣州來的摩里臣書院，及聖保羅書院、拔萃女校、聖約瑟書院、中央書院（皇仁書院）等，學生多是華人子弟，造就了雙語的精英階層。同時，華人私校也迅速發展，到二十世紀初有三百多家私校。中國語文教育在香港也沒有中斷過。

在十九世紀期間，這個法治自由港曾出版過十三種語文的刊物，包括歐洲文、亞洲文，甚至藏文刊物，中文報刊更不用說。在明治維新前，日本官方固定翻譯香港中外文報刊以作參考。

這裏要說的是，成了殖民地之後，香港文化的主要成份，除了中國傳統文化，特別是其中一個亞系統嶺南或廣東文化之外，也有了西方文化，特別是英式殖民地文化。當然還小規模出現過其他地方的文化，如南洋文化。

到了一九二〇年代，一個反諷現象在香港發生：殖民地政府竟主動提倡中國國學。

當時的中國大陸，經過了晚清的自強、變法、維新、君主立憲、革命，到民國的新文化運動、白話文運動、五四運動，正在翻天覆地的批判傳統、引進西學——部份是通過香港、日本這些已經相對現代化的中介。香港本身也發生了省港工人大罷工。這時候殖民地政府卻想與前代的遺老遺少，聯手反對白話文，並提倡振興國粹、整理國故，好像在說：你們可以學殖民地宗主國的文化，也可以發揚中國固有文化，但你們不要去追隨摻和了西方文化的民國新文化。

魯迅一九二七在香港島的青年會的一次演講及其後在一篇〈香港恭祝聖誕〉的文章裏都對此加以諷刺：殖民地唱的是中國老調子。

曾任《中國學生周報》社長及香港中文大學哲學系教授的陳特說：「五四運動從沒有到過廣東，尤其香港」。

1920年蕭伯納訪問中國，途經香港，與何東爵士等攝於香港大學。

自從一九二〇年國民政府頒令使用白話文後，上海北京的報刊以至小說都少有使用文言文了，但是在香港，到了二九年，坊間的通俗言情小說、神怪小說以至色情小說仍普遍用文言文來撰寫。

現居香港的大陸學者黃子平做過總結：香港的「文言寫作未如內地一般受到新文藝毀滅性打擊」。黃子平並指出：香港文人的舊體文藝唱和之風延續到一九五〇年代以後。

香港大學中文系創辦之初，也是請前朝太史秀才講經，要到一九三五年許地山及其繼任者陳寅恪南來掌系後才有所改變。

我年輕時看香港的武俠小說或楊天成的色情小說，學到很多成語及文言文風，另外也能毫無障礙、很過癮的看高雄（三蘇）的「三及第」都市小說及趣怪評論。三及第者，文言、白話、廣東方言撈埋一碟之謂也。

直到今天，我的印象是香港人在書面語的寫作方面，文言文的痕跡仍明顯多過同代大陸人的寫作。文言句法、成語及三及第文體可說是香港人書寫時的集體無意識。

這裏想突出的是中國傳統文化在香港既沒有被殖民政府有系統的改造，也沒有經歷與大陸同程度的新文化運動及四九年後由國家帶動的大力清洗。

後來因為市場的驅動、英語教育的普及、社會的勢利及年輕人旨趣的轉變，傳統文化慢慢自然流失和被遮蔽，但那只是被遮蔽，不是被清洗——香港仍然是很西化也同時很傳統中國化的城市。

在此期間，一個新生品種還是無可阻擋的在香港茁壯生長，就是包括民族主義等西方文化在內的民國新文化。

三

這裏我簡單的談一下曾經參與共構民國新文化的一些香港思想。很多人會問：香港有思想嗎？下文是一種解答。

香港這個殖民地自由港，在一百四十多年前，曾經包庇過一個清廷的通緝犯叫王韜，他在香港住了二十二年，以現在的標準早就算是香港人了，他在香港創辦了《循環日報》，發表了許多言論，談世界大勢和中國自強之道，李鴻章之後，他是民間第一個提出變法的，香港學者羅香林説沒有王韜在前，就未必有後來的康有為梁啓超變法維新運動。

香港對康有為、梁啟超、孫中山的啟發及三人在香港的事跡就不用説了。興中會有多名成員來自香港，並以香港為顛覆當時中國政府的基地。伍廷芳在聖保羅書院上學，被李鴻章賞識前在香港執業當律師，由清朝到民國曾出使美國等多個國家，並曾任民國代總統。其實民國期間，曾有財政部長、實業部長、海關部長等很多重要官員是在香港的書院受教育的。世界知名的民國教育家晏陽初及美學家朱光潛在上世紀初就讀香港大學。晚清改良派思想家、香山人鄭觀應曾在香港的英華夜校學英文，後撰〈華人宜通西文説〉一文。

這些是清末民初的知名精英。那麼，民間思想又如何？

一九二五年，為抗議上海的五卅慘案，香港工人匯同廣州工人舉行罷工，稱為省港大罷工，其實以時間和規模而言也可以叫港省大罷工。這次罷工是由廣州國民黨左翼與共產黨策動的，雖然當時在香港的共產黨員只有十名及青年團員三十名。

全港七十二萬五千人口中，約有二十五萬人參加罷工，比例驚人。

上海五卅慘案後的罷工不到四個月結束，但香港的罷工堅持了十六個月。

當時，連一些在洋人家打工的女傭也參加罷工，以至住在港島山頂洋房的洋人要自己在花園挖坑埋糞，因為沒人來替他們取走糞便。

當時罷工工人向殖民地政府提出六項要求：一、政治自由，二、法律平等，三、普遍選舉，四、勞動立法，五、減少房租，六、居住自由。除第五條是經濟訴求外，其他都是本土性的政治訴求，有的到今天尚未在香港實現。

香港的民主運動、公民權訴求都可以溯源到省港大罷工，也是香港社會運動、反殖反帝運動的一個里程碑，但不是社會運動、反殖反帝行為的第一遭，因為在十九世紀中至一九二五年前香港已有過許多社會運動及反殖反帝行為。

到四十年代，中國出現第三條道路的討論，既反對法西斯主義，也反對共產主義，政治上傾向自由主義民主憲政，社會經濟上則接近後來歐洲的社會民主黨，但當年也有思想家嚮往蘇式計劃經濟。他們的討論，到今天還有參考價值，是當代中國沒有機會去走的一條路。

這些知識份子被稱為第三勢力。其中一個主要黨派民主同盟一九四一年成立，第一份機關報是同年在香港出版的《光明報》，社長為梁漱溟。四七年國民政府將民盟定為非法組織後，許多民盟要員特別是民盟的左翼份子，遷到香港並於翌年一月在港召開一屆三中全會。四九年人民共和國成立，民盟主要成員回到內地，受到短暫禮遇，被譽為共和國的催生者，賦予新生的共和國很大的正當性。

但是也有第三勢力的成員在香港留下，他們在五十年代初辦出多份刊物如《自由人》、《自由陣線》、《中國之聲》、《獨立論壇》等以及一九五八年出版的《展望》。這個傳統——非國民黨也非共產黨的民間人士在香港出版政論和思想性刊物——一直維持到今天。

一九四九年後，國學及人文學科在大陸都受到高高在上的唯物史觀所遮蔽，歷史學家錢穆、哲學史家勞思光、哲學家唐君毅、牟宗三、徐復觀等等許多名學人，他們都曾長時間借住殖民地，或圖振興國學，或嘗試結合儒學與歐陸哲學，想像着挽狂瀾於既倒。

一百四十多年前的王韜模式一再重現：不容於大陸而避居香港，在殖民地著書立説發出聲音，回頭再影響大陸。

香港是當代中國思想在某些時期的孵化器，在另一些時刻的推動器，甚至曾在萬馬齊暗的日子成為海內外孤存的一盞明燈。

四

殖民地的頭一百年，香港是廣東人的城市。但是在大陸特別是廣東地區沒有太大動蕩的情況下，就算可以自由往返大陸與香港之間，廣東也不見得有很多人想到香港定居。

殖民地成立後，早年人口增長不算快，一八四七年才兩萬人。一八五四年太平天國逼近廣州，香港人口才跳躍，到一八六〇年為九萬人，一八五六年九龍半島被英國人佔據後納入了當地的十二萬人，而到了一九〇一年連新界在內人口才只有二十八萬一千人。不過從一九〇一年到一九二一年，香港人口倍增至六十一萬，大概是跟那二十年間大陸特別是廣東地區一再出現不穩定局面有關。

當時廣東以外地區的華人似還沒有考慮大規模移居香港。一九三一年有一個數據，說當時在香港的上海人只有三千七百六十八人。

一九三四年殖民地自由港首次實行入境管制，各國人士都要有簽證才能入境，但是華人依然可以免簽自由進出香港與大陸。

到一九三七年，香港已是個一百萬人的廣東人移民城市。香港的工業從十九世紀起步，到一九三〇年代已頗具規模，而本土粵語創意產業也相當興旺，粵劇團自稱省港劇團，港產粵語及潮州語電影還出口至廣東和南洋、北美僑社。這裏要強調的是，到一九四九年前，香港與廣東在文化上是一體的，所謂省港一家。

就在這時候，一九三七年，大陸出現了比前三十年更大的動蕩，就是抗日戰爭爆發，廣東地區淪陷，由一九三七年至一九四一年四年間，香港人口增至一百六十多萬人。香港的吸引力在全國範圍內大增。作家薩空了寫道：上海人到港十幾萬。

香港第一次有這麼多廣東以外的「外省人」。這也是張愛玲小說〈傾城之戀〉裏，徐太太對住在上海租界孤島的白家所說：「這兩年，上海人在香港，真可以說是人才濟濟」。

當時在香港的作家穆時英宣稱，香港是「全國唯一的、最安全的現代城市」。

有一點是可以肯定的，當時的香港，應是與

上海孤島，大後方的重慶、昆明，淪陷區的北平和被稱為革命聖地的延安，同是中國的文化中心。這大概是香港第一次成為全國級的文化中心城市，雖然在一九三七年前，它已經跟廣州一起是廣東文化的兩大中心。

薩空了甚至說：「今後中國文化的中心，至少將有一個時期要屬於香港」。他特別看好香港的文化：「這個文化中心，應更較上海為輝煌，因為它將是上海舊有文化和華南文化的合流，兩種文化的合流，照例一定會濺出奇異的浪花」。

可惜這次合流的時間太短，到一九四一年十二月就戛然而止。下文我們會談到下一代人如何再度掀起奇異的文化新浪花。

五

一九四五年香港再次被英國人佔領。一八四一年英人未經中國政府同意佔領港島，一八五六年未經中國政府同意佔領九龍半島，一八九八年租借了新界和離島但用了十個月才佔領。一九四一年日本人從英國人手中搶佔香港，到一九四五年英國人可以說又是未經中國政府同意佔領香港。

香港的中文媒體一般稱日治的結束為香港的「重光」，這真是對英國殖民者的恭維，因為大家都認為英國殖民者比日本軍國主義者好。

不過那時候差一點香港就已經回歸中國了——這點對香港之後的幾十年發展有決定性的影響。

早在一九四二年，美國羅斯福總統就已取得英國邱吉爾首相的同意，戰後將香港交還給中國。蔣介石知道後，在日記上寫：總理孫中山革命畢生奮鬥的這個目標，現將由我完成。

但是邱吉爾很快就反悔。在一九四三年的開羅會議上，蔣介石與邱吉爾為此鬧得不歡而散，邱吉爾還說了重話：想收回香港，要在我的屍體上跨過去（over my dead body）。

日本宣佈投降後，尚在香港集中營的英人很自覺，立即向日治當局要求接收香港，而邱吉爾也下令在菲律賓的英國太平洋艦隊全速開往香港，完全不顧盟軍的協定，即中國戰場的日方，要向蔣介石為首的中國政府投降。當時，蔣介石裝備精良的新一軍，及第二方面軍的第十三軍，也趕到廣東的寶安縣。如果他們比英軍更早進入香港，歷史大概要改寫。

可是，最支持中國收回香港的羅斯福總統已去世，杜魯門總統改為支持英軍佔領香港，美國使節還告訴蔣介石，英軍是不惜一戰的。中國軍隊最終不敢進入香港，可能因為是形勢比人強，蔣介石要顧慮的事情太多，包括比香港大很多的東北被蘇聯軍隊所佔領這種影響中國大局的事。

那個時候，中國共產黨是甚麼態度？

一九三七年前，殖民地政府對中國共產黨人是不友善的，曾發生多次迫害或遞解出境事件。抗戰開始，國共合作，英人態度也有變。一九三八年，中共得到殖民地政府同意，在香港建立以廖承志為代表的八路軍駐港辦事處。

太平洋戰爭期間，共產黨的東江縱隊曾英勇抗日，在戰爭結束那刻，應是日方之外在香港及深圳地區最有組織的武裝力量。不過當時共產黨尚未成為整個中國的合法政府，夾在英軍與國軍之間，中共就算從日方手中接收了香港也還是要再交出去。當時，中共選擇了跟英方談判。

根據中共黨史出版社一九九七年出版的《中共黨史資料》，當時中共中央指示中共廣東區委，派譚天度為代表，與港督代表進行談判，作了九點協議，包括英方承認中共在港的合法地位，同意中共在港建立半公開的各種機構，允許中共人員在港居住、往來、募捐、出版報刊、成立電台，條件是中共武裝要撤出香港。這等於說接受英國在香港重建殖民地。

大概是有了這個默契後，毛澤東一九四六年在延安對英國記者說中共現在不打算立即提出收回香港的要求。到一九四八年中共在大陸已勝利在望的時候，香港新華社的喬冠華再次告訴殖民地政府，中共不會收回香港。可以看到，中共這個決定，的確並不是因為後來朝鮮戰爭爆發才訂下的。

一九四九年人民共和國成立，英國是最早承認中國新政權的西方國家。

在一九四九年至一九五一年，中共領導人還要多次向港共人員解釋為甚麼不收回香港，並轉達周恩來的戰略想法，中國必須分解英美，抓住英國人的一條辮子。香港就是這條辮子。

蔣介石想收回香港但是不敢，而中共則沒有急着要消除殖民地，這才成就了一九四五年至一九九七年的香港，真正體現了長期居港的新聞工作者理察·休斯一九六八年的名句：借來的地方，借來的時間。

六

上文說一九四一年香港人口已到了一百六十萬，但經過了三年零八個月的日治，到一九四五年，香港又只剩下六十萬人。

不過，下一個人口的漲潮更猛烈。除了回流外，更多新移民湧進香港。到了一九五〇年，香港人口已超過二百二十萬人，光是一九四九年就來了超過八十萬人。

這是個事實：歷來很多移民都是為了逃避大陸的動亂而來到這個相對法治自由安定的殖民地，然後求發展。故此，說法治、自由、安定、繁榮為香港最核心的傳統價值是可以成立的。

這一輪移民潮的另一個事實是：新移民中，很多人是因為大陸政權的易手，或者説白一點是為了逃共產黨而來到香港的。這大概是中共建黨以來，第一次有大量的內地人為了避共逃到香港來，一九四九年之前的土改還不見得太多地主富農逃到香港，但土改的殘酷大概嚇怕了很多人。

因為大陸人大量湧至，殖民地政府放棄了實行超過一百年的政策，即華人不管是大陸人還是香港居民都可以自由往返香港與大陸的政策。一九五一年殖民地首次設立了邊界，沒有合法簽證的大陸人不得進入香港。不過殖民地還留了一條，就是成功偷渡入境的大陸人，只要不被抓到，到達市區後就可以在香港居留。這叫「抵壘政策」，取意壘球賽中跑至下一壘時只要及時觸壘就可過關。因此，很多大陸人偷渡來港，有些冒險從廣東游泳到香港。

一九六二年大陸三年災害後期，大批廣東地區的大陸人，漫山遍野的跨境從陸路湧入香港，當時許多香港居民熱淚盈眶的帶着乾糧飲料到邊界去接濟他們，甚至引領他們到市區，而殖民地政府抓到他們遞解回大陸前，也會給他們吃一頓熱飯。中文報章一般稱之為難民潮，香港居民當時把這些同胞稱為難民、難胞，而不是非法移民。大概許多香港居民那時候還記得自己也曾是移民。

這個心態不到二十年後已經改變。大陸文革結束後，在一九七七年至一九八〇年，又有四十萬大陸人湧入香港，殖民地政府遂在一九八〇年取消抵壘政策，以後不管他們到了香港的甚麼地方都將是即捕即解回大陸。

自此在自我意識越來越強的香港居民眼中，大陸來客再不是難胞，而是非法移民、新移民。八十年代初香港居民給了大陸來的新移民一個別稱叫阿燦——阿燦是當時一齣收視頗高的港產電視連續劇《網中人》裏，一名行為好笑的大陸客的名字。

這時期香港人口五百多萬，居民的分別心和對香港的歸屬感也增強了，以「香港人」自居，以別於大陸人及其他地方的人。下文會再談到這點。

在七十年代末有一個移民群體，在香港的論述中常被忽略。他們曾是東南亞或北美澳紐的華僑，五十年代為了愛國回了中國參加建設或求學，文革期間吃盡苦頭，文革後容許他們帶着家人離開中國，先到香港，等待簽證，但是他們之中有一大部份發覺原居國家不讓他們回去，惟有在香港定居。他們很多受過高等教育，但學歷在香港不被承認，只好屈就，進入工廠，擔任技工或中層管理，充實了香港工業的技術含量。到中國改革開放，他們有一部份憑多年在大陸建立的關係，轉營中國貿易。這個群體對香港八十年代的經濟發展，是有很大貢獻的。不過，我們比較多談到一九四九年前後那一代移民的重要性，較少突出一九六二年難民潮和七十年代末移民群體對香港的貢獻。

七

在談到四九年後香港文化和社會心態的新發展前，我想先簡單的説一下當時世界與中國的新局面。

香港是新局面的受益者，這是時運，也是因為它所佔的微妙位置，讓它竟能在冷戰期間左右逢源。

二戰結束，香港與英國一樣，加入了以美國為首、由布雷頓森林協議（Bretton Woods Agreements）為代表的資本主義新秩序。香港首先恢復的是中介中國與世界貿易的轉口港角色，但朝鮮戰爭爆發，冷戰加劇，中國遭禁運，香港轉口貿易亦受衝擊。幸好，二戰後製造業全球分工的第一波剛好開動，香港得以分擔發達資本主義國家轉移出來的部份低附加價值、勞力密集的輕工業，因為當時香港有的是廉價勞工，該幾年間的人口暴升成了優勢。

這裏要補充一點，就是當時全世界擁有豐富廉價勞工資源的發展中地區很多，但大多數地區並沒有擠上頭班車，只有極少數地區能靠着這個二戰後第一波全球分工，以加工和低價製成品出口而脱貧。這裏面原因太複雜，我想説的是香港雖然碰上這個機遇，成功也不是必然的，當時全球分工的規模沒有現在大，僧多粥少，訂單很可能過門而不入，誰都不會無故施捨給香港人。這時候香港人很努力抓緊了現在看起來是當時唯一能讓這樣的地方在一代內集體脱貧的機會。

香港不像其他一些未發展地區有自然資源可開採，也不能依賴農產品的種植出口業，只能靠勞動密集而且帶競爭性的小製造業及小服務業。加上當年殖民地政府沒有提供生活保障，而社會福利更是杯水車薪，遂形成一種全民工作觀，人人要自力更生，人人要開工搵食，社會大眾視努力工作甚至辛苦創業為天經地義的事情。中國人的刻苦耐勞、廣東人敢為天下先的風氣、上海調教出來的外省人的經營工夫，在艱苦的五十年代都被派上用場，後來被認為代表香港性格的創業精神及 can-do（搞掂）精神大概是因為當年這種經濟形態而被激發出來的。

同時在朝鮮戰爭時期，香港的一些走私客，將禁運物資經香港（及澳門）偷運回大陸，參與走私者除了現在知名的愛國商人外，還有在商言商的商人，包括一九四九年前後為了避共剛從大陸轉移到香港的上海商人。這大概也是香港商人的特徵——意識形態上充滿彈性。

香港在冷戰期間，雖然總的來說站在美國為首的一方，不過，隔在冷戰另一方的中國大陸方面並沒有因此懲罰香港人。它一直向香港供應日常必需品，而且價格相對於其他進口貨是低廉的。如果沒有大陸的低廉食品和飲用水供應，香港是無以為繼的。就算在內地最困難和動亂的時期中國也沒有中斷向香港供應必需品。

直到文革前，中共對香港的工作，在周恩來、陳毅、廖承志等的領導下，一路以來都很務實，不單不嘗試收回香港，還盡量不生事或替殖民地政府添亂，甚至中共在港的宣傳口，宣傳的也只是民族情感式的愛國，而不是反殖或大陸式的社會主義，好讓香港自尋在資本主義世界內的致富之路——在讓香港先富起來這一點上，當時的大陸只能幫上間接而不是直接的忙。

這都是香港繁榮安定的大背景，雖然香港人太習以為常反而往往遺忘了。設想如果大陸對港政策是由四人幫中央文革領導小組主導，覆巢之下無完卵，香港也不會有好日子過。

所以，就算在回歸後，一九六七年的社會騷動，即香港左派所說的「反英抗暴」，仍是不該受肯定的。騷動雖以勞資糾紛開始，反映了累積的民怨，但為甚麼之前及之後的這麼多次重大工潮，中共港澳工作委員會（在香港以香港新華社名義）及「左派」不把事件升級，而只有在一九六七年才總動員跟殖民地政府作誓不兩立的對抗？因為那是文革的溢界——本地左派基層受文革鼓動，在港領導怕自己表現不夠積極，「中央文革小組」暫時奪去了周恩來、陳毅、廖承志中央外辦的權，並傳遞了誤導性的鼓勵信號給香港左派。用長期在港做宣傳工作的前《文匯報》總編輯金堯如的話：「那是一場反英反資反港，害人害己害民的大災禍……其源蓋出於北京，來自林彪與「四人幫」……我們香

1967年5月，港督府外手持紅寶書的示威群眾。

港中共黨人也有自己左的錯誤思想和私心雜念，對這場災禍也負有直接的責任」。

爭取工人合理權益與「打倒港英政府」是兩個層面的事，香港左派實在不宜用前者來替一九六七年的極端路線開脱。

現在大陸有些新毛派，一直在找理由肯定文革，他們因此也會試圖肯定一九六七年的「反英抗暴」。不過，以打倒殖民地政府為目標的「反英抗暴」，確不是周恩來、陳毅、廖承志等老一代共產黨人的香港政策，也偏離了香港左派的長期工作取向。

今天，如果香港左派要自我肯定在一九四九年至回歸前對殖民地香港繁榮安定的貢獻，就不能同時肯定「反英抗暴」。

除了這個文革高峰時期外，香港左派的宣傳口可說是忍辱負重。負重的是要維繫大多數港人——本來部份港人是避共而來，恐共之心可以理解，不過仍要努力爭取大部份人，因為從大陸出來的那一代港人，雖然對政權的認同有分歧，大多數仍是心繫祖國的。忍辱的是香港左派在地工作做得再好，也會被內地接二連三的負面事件抵銷掉，導致很多香港人厭惡內地政權，連累及香港左派。大躍進期間，港人要寄糖、油這些基本糧食接濟內地親友。文革期間，五花大綁的浮屍順珠江飄到香港，你説香港人特別是那個時期成長的年輕一代看到後，對中國印象會好嗎？加上一九六七年的騷動，驅動了大部份港人站在殖民地政府的一邊並成為港人認同香港的歷史轉折點。好不容易文革過去，迎來改革開放，一九九七問題有了定案，香港人正逐漸靠近內地，又來一次一九八九年六四慘案，硬生生把港人推開。可以說，從來不是港人沒有民族情，也不是中共在港的統戰工作做得好壞的問題，而是港人對祖國的感情，一而再、再而三的被內地發生的事情所打擊，認同感亦因而倒退。希望中央政府今後不再做損害港人民族感情的事情。

在這個背景下——在美國為首的資本主義世界、日益富裕的香港，與一九九二年前的中國之間——我們可以體諒到，跟心繫祖國的上一代不一樣，在一九四九年後出生、成長於五十至八十年代的香港年輕人，除了少數外，為甚麼往往不那麼認同大陸——不見得是積極反對，更多是不感興趣。

八

一九四九年後，各省來香港的人多了，由山東威海的警察到跑單幫的台灣客，在本地廣東人眼中都是外省人。其中，上海人最為矚目。當然，香港人所說的上海人，不一定真的是上海人。根據一九五〇年上海本身的人口調查，上海居民只有百分之十五是原居民，百分之四十八是江蘇人，百分之二十六是浙江人，還有各省的人，包括廣東人。

廣義的上海人讓香港的文化氛圍產生變化。他們私下可能操各種方言，但他們的文化產品是用國語的——國語顧名思義在民國時期已經是全國的普通話，而上海在一九四九年前是民國的、國族的、國語的文化生產的獨大中心。

一時之間國語文化在香港所佔的份額大增，而在香港製造的國語電影及國語「時代曲」甚至在勢頭上蓋過本地的粵語電影、粵語流行曲，雖然在人口數上操粵語者佔絕大多數。在七十年代前，台灣的書和國語電影在香港亦甚受歡迎，甚至從台灣輸入的新國語歌也曾風行一時。大陸普通話電影由《劉三姐》到《大鬧天宮》動畫到樣板戲，都曾安排在左派自己的院線上映。至於左派人士及曾在培僑、香島、漢華、勞工子弟等左派學校受教育的年輕人，大概也更會熟悉文革前及文革期間的大陸流行文藝。就是說，一九四九年至七十年代初，香港曾有過二十多年的國語文化流行期。

一九四九年後第一波香港原創文化的異彩，往往也是用國語的。

當時有一群高水平的文化人，統稱南來文人，他們有滿肚子的話要說的同時，也為了謀生而變得多產，報刊評論、武俠小說、歷史小說，以至實驗小說都看到他們的筆跡。香港報章副刊具有特色的專欄——每日更新的方塊短文——熱鬧非凡，南來文人與本土文人各領風騷。

我們從報刊出版可以看到當年的盛況。

香港左派承辦了搬到香港的《大公報》、《文匯報》，還創辦了《新晚報》、《正午報》，走大眾路線的《香港商報》，為統戰而辦的《晶報》，還有外圍友軍的《香港夜報》、《田豐日報》、《新午報》等。為了吸引讀者，多份左報都設有馬經版。

國民黨也辦了《香港時報》。

另外，本土的中文報章——有不少當年報頭掛中華民國年號——還有《成報》、《紅綠日報》、《星島日晚報、《華僑日報》、《華僑晚報》《工商時報》、《工商晚報》、《新生晚報》、《真報》、《新報》、《天天日報》、《快報》等等，以至著名的《明報》、《東方日報》、《信報》。

當時還有每天出版的娛樂新聞報、連環圖報、馬經報和情色報。在一九七九年香港共有一百二十家中文報和四家英文報。

左派還辦文化刊物，如《文藝世紀》、《文藝伴侶》、《海洋文藝》、《海光文藝》、《青年樂園》、《小朋友》。另有各種圖書出版社包括三中商（商務、三聯、中華）。

美國政府也通過在港的美國新聞處等渠道灑美元營造軟實力，刊物有《今日世界》、《亞洲畫報》、《人人文學》、《大學生活》、《中國學生周報》、《兒童樂園》等；出版社有今日世界出版社、亞洲基金會、人人出版社、友聯出版社等。

另外民間也辦文化雜誌，當然更多是通俗雜誌——《文藝新潮》、《詩朵》、《熱風》、《當代文藝》、《西點》、《伴侶》、《星島周報》、《良友》、《青年知識》、《家庭生活》、《婦女與家庭》、《無線電世界》、《新思潮》、《好望角》、《創世紀》、《大人》、《大成》、《南國電影》、《娛樂畫報》、《銀色畫報》、《香港影畫》、《藍皮書》、《香港青年周報》等，及《明報月刊》、《展望》、《盤古》、《萬人》等中左右思想性刊物。這只數到六十年代。在一九七九年，香港有近三百種刊物。

我這裏不厭其煩的寫了一堆當年的報刊名，是想說明，香港在七十年代前書報刊出版業的蓬勃及其光譜之寬，可以說是百花齊放。這些都是以後香港本土文化發展的資源。

這裏補談一下香港是文化沙漠的說法。上文說到魯迅在一九二七年來港演講，共作了兩講，當時在場有一名香港教師叫劉隨，本身也是詩人兼書法家，把演講筆錄下來，留存至今。五十四年後，即一九八一年，劉隨寫了一篇演講回憶錄，裏面說到文化沙漠：「我們曾向魯迅談及香港這種文壇上的荒涼現狀，並埋怨環境太差，稱之為『沙漠之區』，魯迅當時頗不以為然，他認為這種估計未免太頹唐了，他表示自己相信將來的香港是不會成為文化上的『沙漠之區』的，並且還說：『就是沙漠也不要緊的，沙漠也是可以變的！』」

可見沙漠一說，在一九二七年已出現，是那個時候一些本地文人提出的想法，而魯迅雖然對香港殖民地的印象並不佳，可是他在當年已對文化沙漠這說法不以為然。不過，正如說香港開埠前是個荒島、是條漁村，香港是文化沙漠的老調子事隔多年後還是會煞有介事的被一再覆述，反映着說話者對香港的認知，其中說這話的往往是香港人自己。

九

至於英美流行文化大受歡迎，都已不是限於此時此地的事了，只是二戰後美國流行文化更見強勢。對當時香港的洋派精英及受過一點英語教育的年輕人來說，向時尚的英美文化傾斜也是可理解的。

如果要挑一個在香港有象徵意義的英美文化事件，我會挑一九六四年，英國披頭四樂隊第一次出國在美國表演後途經香港演出一場，把寂寂無名的香港放在英美的時尚文化地圖上。當時真的在現場看過演出的人不會很多，而且一大部份是駐港外籍人士的子女。不過卻引起華人衛道之士的「道德恐慌」，中文商業電台甚至禁播披頭四歌曲，視之為洪水猛獸，誰知一發不可收拾，本土年輕人紛組樂隊，唱搖滾民謠，男孩甚至留「長髮」蓋着半邊耳朵。這樣一來，離穿迷你裙、牛仔褲的日子也不遠了。這事件突顯了香港兩代之間的代溝，文化話語權世代之爭的揭幕，年輕人不要土氣要洋氣，而香港開始自命是可以跟上英美時尚的城市。

誰是這些新一代，為甚麼聲浪這麼大？他們是二戰後特別是一九四九年後在香港出生或稚齡來港的一代。因為當時人口膨脹，所以實質新生人數也特別多，這個現象由一九四五年一直維持到六十年代後期，以二十年一算的話，是香港人數最多的一個團塊，所以叫嬰兒潮。

因為人多勢眾，他們的文化取向，就帶動了香港文化板塊的移動。

首先，他們生長於香港，不像上一代人有大陸情懷，而且他們長於楚河漢界的冷戰年代，也即大陸令人不安、運動不綴的五十至七十年代，耳濡目染下，除少數外，大多對大陸不但沒有深情，反而可能有負面印象。

第二，他們長大的年代，香港漸漸富起來，財富水平與大陸越拉越開。

第三，富起來的香港讓他們可以找到好工作，期待成為有消費能力的中產階級。

第四，一九六七年的左派騷動引起社會動蕩，不得人心，驅使大多數港人接受當時唯一可保障生活安定的正當政府：殖民地政府。

1971年11月，港督麥理浩伉儷。

第五，殖民地政府在一九六七年騷動後也更加重視親民，並開始施政改革。

第六，到七十年代，經過一九七一年至一九八一年的十一年麥理浩總督的勵精圖治後，香港幾乎可以説，脱胎換骨，成了善治之地，是大部份人可以安居樂業的地方。

第七，連嬰兒潮一代的父母輩的心態也改變了。香港從一個過客、移民為主的城市，變成一個長期定居者為主的城市。香港是家，無根的一代在香港植根。

第八，嬰兒潮一代普遍受過英語訓練，受英美文化吸引，而且不是上一代精英所接受的英美文化，而是六十、七十年代的新英美文化。那時候，可以說世界上很多年輕人都喜歡這種英美新文化。故此，因為冷戰宣傳、英語教育、財富水平、消費習慣及文化取向的原因，他們跟同代大陸人在人生經歷、知識結構和世界觀上差異很大。

第九，他們開始出國旅遊，又想去英美加澳紐等英語發達國家留學，但大部份去不成，去了畢業後也留不下，最後往往是回流，發覺香港反而是個可以給他們有機會發揮的地方。

第十，沒錯，香港的居民終於對香港有歸屬感了，但一半是被逼出來的，原來他們哪裏都去不了，英國不是隨便去的，大陸還不是可以去的，他們不能自認英國人，也不願意被人家以為是大陸人，故此也不自稱中國人。沒選擇下，他們叫自己香港人。後來越叫越順，引以為榮。

這是「香港人」的出現，不是很遙遠的事。

「香港人」是被發現出來、被想像建構出來的，但卻是存在的、有物質性的、有歷史意義的事實。

有「香港人」，就有「香港文化」。

如果要舉一個香港人的香港文化自覺意識濫觴的象徵事件，我會選在一九六七年騷動期間的九月創刊的《香港青年周報》。創辦人之一崑南一九三五年在香港出生，是個前衛作家，當時還是個青年，卻已創辦過好幾份文化刊物（香港意識也不是嬰兒潮的專利，每個大潮之前總是有先行的弄潮兒），他在創刊號明言：「我和盧昭靈是針對《中國學生周報》而出版《香港青年周報》的：為甚麼是中國學生，香港學生沒有自己的刊物麼？」香港成了主體。大致來說，土生土長的嬰兒潮一代，一方面比上一代更西化，另方面卻同時比上一代更香港化，即今天所說的本土化。他們對中國的興趣較弱，但他們的香港意識更強，因為香港是他們唯一理解、也是唯一無條件接受他們居留的生存空間。他們別無選擇。

經過五十至七十年代的醞釀發酵，八十、九十年代是香港人的香港意識、香港認同最旺盛的年代。

不過也在此同時，這種心態開始受到新挑戰。

因為一九九七回歸問題，在八十、九十年代香港出現幾十萬人的離港移民潮，其中很多是嬰兒潮中產者，他們為了政治保險加上子女教育、清新空氣、居住空間等自選的理由，帶着香港人的清楚身份移民去加澳紐。他們之中，有些為了事業不斷往返香港與移民地，如空中飛人。回歸前的移民潮某程度上拓展了部份港人的眼界，而總的來說並沒有減弱香港人的身份認同。

在一九九七前至今天，部份移民加澳紐者回流到香港或大陸發展。但不管在大陸哪裏，香港人都會被認出是香港人，可見港人與大陸人有差異，偶然他們會被誤認為台灣人或新加坡人，不過他們會立即矯正說自己是香港人。

不過總的來說，大陸的改革開放及回歸的安排，開始逆轉一百五十年以來邊界由鬆到緊的總趨勢——由一九四九年以前的鬆，到五十年代後的緊，到八十年代的極緊，到回歸後緊中帶選擇性的鬆，到今後慢慢往鬆的方向走。

十

香港華人佔人口百分九十五，而其中廣東人又佔絕大多數，因此外省居民的第二代皆必須學會說流利粵語。除英語系的文化外，其他少數民族的文化在香港是存在卻不在主流社會的視野裏的。這個粵語族群的獨大性有兩個效果：一、大部份港人對族群問題不敏感也缺乏理解的興趣，不像新加坡、馬來西亞甚至台灣；二、獲大多數人認同的本土文化主體性較容易冒現。

為了方便討論，我們這裏做個小總結，就是到了一九五〇年代，香港至少已並存着八個可識辨的文化系統或亞系統，是一個多文化而不是單文化的局面，也可說都是當時香港的本土文化資源：

1. 中國傳統文化。
2. 廣東地方傳統文化。
3. 廣東以外各省地方傳統文化。
4. 民國新文化，包括各種已經由中國人過濾後的現代性思想，以及民國時期國民的新生活形態、新價值觀和新文藝，不過在一九四九年後的香港，豐盛的民國新文化往往被偏頗的體會成上海都會摩登文化。

5. 中共的黨國文化，當時除了左派外，一般人接觸不多。回歸後這方面的認知會加深。
6. 英國殖民地文化，特別是在體制、法律、精英的心態及教育方面。
7. 世界各地文化，以西方文化為主，向英語系國家傾斜，二戰後以美國馬首是瞻，意識形態跟隨美英主流，消費和流行文化方面後來旁及法意德日等發達國家。另外還有南洋、南亞（包括尼泊爾）、俄羅斯等少數族裔以及天主教、基督教、伊斯蘭教、猶太教、印度教、佛教的文化。八十年代香港變身為世界金融資本主義的節點，許多精英份子成了企業管理人，並接受了列根、戴卓爾的市場原教旨主義，加上國際化的消費及大都會生活方法，在許多富裕香港人的意識中，香港的資本主義性格、企業性格、國際性格及城市性格比它的殖民地性格更突出。
8. 雜種的本土文化。這已超過了上述文化的多元並列或淺度觀摩交流，而是帶着創造性毀滅的、混血的、自主創新的新品種、新傳承。雜種本土化可以說是以香港為主體，把上述七個系統的文化拿來揉雜的一個創新生產過程。

六十和七十年代的香港青年，只要稍為注意一下市面，就很容易看到上述各個文化系統的存在，甚至是在向他們招手。他們文化的胃口已經很混雜，只差一個可依傍的主體性。他們先是不甘寂寞，在文化消費上要與歐美新潮同步，然後有些人不甘只做文化消費者，更想成為生產者。於是自己動手動腦，哪怕初衷只是模仿，但因為土法煉鋼般加入了本土元素，一個雜種的本土產品就出現了。就算一時間不能登大雅之堂，卻引起心態相近的年輕人的競相加入生產行列。強化了本土特色，持續發展下竟形成市場，並產生移風易俗的效應，加深了港人的身份認同。本身成為一支可識辨的、有主體性的雜種本土文化系統，被稱為港式、港味、港產，或直稱為香港文化。

這一波的在香港製造的文化用的是港式粵語。

所謂港式粵語，口語包括港腔廣府方言，新的俚語流行語，以及夾在粵語句法裏的英語單詞斷句。書面語則由舊三及第（白話文、文言文、粵語方言）轉向新三及第（仍帶文言風的白話文為主構，加上粵語詞句，偶然出現英文）。

一九四九年後香港在英美文化與國語文化的衝擊下，粵語的文化產業一度頗為低迷。一九七一年香港只拍了一齣粵語片，一九七二年完全停拍，一九七三年也只有一齣《七十二家房客》是粵語的，誰知道該片成為票房冠軍，粵語片一下子復活，港產片在原產地香港從此是說粵語的。

類似情況發生在流行樂壇，在六十年代英美流行曲及國語歌壓倒粵語歌，但到七十年代幾年間港式粵語流行曲已完全替代了港產國語歌，並在流行程度上遠超過英美流行曲。

電視方面，六十年代有中文電視之初，港人愛看配了粵語的美日影集，七十年代初還看台灣進口的古裝連續劇，但到一九七六年後，中文台黃金時段大都是粵語的港產節目，特別是粵語連續劇。

八十年代的粵語流行曲很能說明情況。當時很多流行曲的原曲是日本的流行曲，改編的是居港的外籍編曲家，樂手混音師是菲律賓音樂人，中文歌詞的填詞者固然是香港華人，但他們用的更多是三及第書面語而不是純方言口語，而歌手以華人佔多數，其中不少是從唱英文歌、國語歌轉到唱粵語歌的。這是典型的雜種本土產品，多方挪用混合，卻有很強的主體性，成就了本土的文化身份。現在世人一般所說的香港文化，可說是這一輪雜種本土化的結果。

大城市一定也是強勢進口文化的消費地，但光是消費是建立不了自己鮮明的特色文化的，一個消費城市要跨越成為創新型生產（不是加工）城市，它才可能建立自己的文化身份。而一個後發大城市要有自己的創新型文化產業，就免不了一場雜種化加上本土化的過程，或叫自主創新。

香港的雜種本土化由來已久，見諸大排檔奶茶和三十年代的西裝粵劇。一九四九年後，香港也是國際和國語文化的消費城市，然後才出現本土化或應該說是再度本土化的現象。因為有了嬰兒潮這股本土生力大軍，這次再度本土化大潮規模比以前任何階段更大。

無可避免的是，後發大城市的再度本土化，一定是要混雜多方文化的，故稱之為雜種，意思是這些新本土品種是不能還原為源頭的「純種」的，還原就是文化能量的流失，文化身份的磨損，也是這個新文化品種的死亡。

十一

一國兩制和基本法的安排，決定性地影響了近二十多年的香港發展，而回歸前後的情況，我曾有多篇文章談到，大家也比較熟悉，這裏不談了。

只說一點文化狀況。由嬰兒潮到今天，香港又多了兩代土生土長的人。香港人一方面本土性更強，更認同香港，更有當家作主的意願及行動力，對本土的物質與非物質遺產都更加珍惜。

另方面，港人也對大陸更開放，所以普通話日

1984年，中英簽署聯合聲明。

趨普及，並對説普通話人士的態度比前友善。八十年代及以後來到香港的大陸移民，再次豐富充實了香港文化內的大陸成份，有點像回到國語佔一席位的五十年代情況。

回顧上文，我們談到，香港民間因為沒有受到民國新文化運動和一九四九年後唯物史觀以至文革的強力衝擊，某些方面比大陸保留了更多中國傳統的元素，特別是社會習俗、語文及民間「小傳統」。譬如説，香港的黑社會就比大陸更有傳承。

一九四九年後，由於實質邊界和心理邊界的出現，香港年輕人對大陸的風土歷史地理的認識，就不如上一代或同齡的大陸人。

同時，大陸的黨國文化，回歸前也不是多數港人熟悉的。

黨國文化在中國共產黨接受斯大林第三國際指導的一刻就開始了，並在各革命根據地發酵，到延安整風後又更成型，到一九四九年後，通過政權成為全國性的普及文化。大陸人將黨國文化的制度化實現簡稱為「體制」、又稱它的衍生狀況為「國情」，裏面有制式化的行為模式、自成一套的話語套句、不容挑戰的近代史論述、不可逾越的意識形態禁區，和大量的「潛規則」。這文化雖深受蘇聯影響，後來也發展了中國的特色，可説是一種由官方推動的大陸新雜種本土文化，不能等同於中國傳統文化和民國新文化。黨國文化有很強的持續性，到改革開放後三十年的今天並沒有中斷，但確也在不斷的演變。這個大陸黨國文化曾經只是香港左派的文化，回歸後獲得更大的伸展空間，在特區的政界、商界與專業界如律師界，已看到比較明顯的體現。

回歸後——特別是曾蔭權當特首後，中央政府對香港特區政府的影響力之大，是香港自一八四一年以來沒有過的。近年，特區政府也像二十年代的殖民地政府，主動宣揚中國文化。但到底它是在叫新一代人多學習大陸風土歷史地理常識，還是想讓香港人接受大陸的黨國文化，又或是希望港人重拾本來也不缺的傳統文化呢？傳統文化到底是指魯迅等五四一代人所批評的中國老調子，還是具普世意義的中華價值，又或是精微的雅文化、養生術、生活藝術，抑或是強調中國特殊論的文明沙文主義？

二十年代的殖民地政府提倡中國國故，是為了抗衡民國新文化新風氣，故此是帶着愚民性質的。現在特區政府在要求港人多承接中國文化的時候，要有更大的氣度，既學習也批判傳統文化及黨國文化，同時包納大陸民間的各種新思維、新文化，這樣才對得起這個有一百多年自由傳統的香港。

十二

通過以上的論述，大家或許會對香港的發展多了一些想法。我比較多說了一些歷史轉折點、一些影響深遠的政治決策及人口的變遷，為了讓我們可以看到香港社會文化的特殊性，並指出香港人以及香港歸屬感、香港意識、香港身份、香港文化等説法是這幾十年才有的，可以説是帶着歷史的偶然性的。

不過，「香港人」這個身份一旦出現後，以後的香港發展就必須正視它的存在、尊重它的意願。

一九四九年前，一般香港居民也有多個身份，國族的（中國人）、省籍的（廣東人）、地籍的（佛山人），甚至鄉籍的，並有宗親氏族的身份、行業身份、街坊身份，以至階級身份、政黨身份等等。他們進出香港大陸，往往反而並不以香港人自居。

一九四九年後，很多人把國與族拆開，不認國籍（中國人），只認族籍（中華民族、華人、華裔），其他身份照認不誤。他們在香港留下來，並漸漸以香港人自居。回歸後，國與族再歸一，然而香港人的身份仍明明白白的存在。這是事實，不是問題。

在複雜的當代世界，身份不應是非此即彼的，一定要找到共存共榮之道，即英國政治學家大衛．赫德所説的「多層次多方向的公民身份」。我們完全可以想像一個西歐城市人，既有所屬城區的選舉權、市的選舉權、省的選舉權、國會與國家首長的選舉權，並有跨國歐洲議會的選舉權，而她所屬的社會黨本身是國際社會黨組織的成員，可以通過影響自己的黨去影響國際事務，另外她還是本國律師工會成員，也是總部在比利時的無國界律師組織的義工，正在替剛果內戰的婦女受害者提集體訴訟，而她自己正職則是替一家外資企業打工，常出差BRIC國家（巴西、俄羅斯、印度、中國）。

並不是只有城邦才有公民，這在古希臘已有人提出，而有國家才有公民的觀念則更是後來才建構出來的。現在的趨勢是，公民身份同時往更微觀的身份及更宏觀的身份擴展，每個現代人都會有很多身份，多層次多方向的分屬多個社群，公民身份不應被任何一個社群所壟斷，反而應在每個社群內發揚公民權、履行公民義務。

身份問題曾給香港人帶來困擾，但大家都應有足夠智慧，拒絕有你沒我、非此即彼的對立思維，讓多層次多方向的公民身份共存共榮。這次我的很選擇性的香港社會文化史論述，就在這裏打上句號。

不確定的年代
寫在香港回歸十周年

近來很多媒體都在做香港回歸十年專題，我也因此接受了一些訪問，發覺香港的情況並不容易用三言兩語説清楚。我不願意在慶典期間只作負面的批評，因為香港怎麼説仍是個很好的地方。戴卓爾夫人在一九八二年時曾説過，收回香港將「帶來災難性的影響」，但是大家知道，這種因中國行駛主權而出現的極端情況並不曾發生。就算在金融風暴或沙士危機期間，香港社會還是穩定的，並且在一國兩制的框架和基本法的規範下，港人治港、高度自治、「馬照跑、舞照跳」的承諾得到兑現。不過，我覺得只説歌頌的套話也沒什麼意思，倒不如趁這個大家比較關注香港的時機，對香港的情況作一些梳理和反思。

香港的問題不大，但是……

比較起世界上任何地區、國家或大城市，香港本來的問題就不大：沒有城與鄉、內陸與沿海地區的巨大差距，沒有顯著的種族、族群、種姓、宗教矛盾，並且早已完成城市化及現代化基本建設，大致可說是個法治、廉潔的善治之地。並且，作為回到中國主權下的自治特區，香港不必如新加坡般自己花錢在軍備，同時卻也不像上海般要上繳公帑給中央政府，連駐港解放軍的費用都不需要港人負擔。

香港更是個金融中心，全球經濟的節點，類似紐約、倫敦。另外，它像紐約、倫敦一樣有商貿服務業、消費旅遊業和知識創意產業。

當新加坡在政策上要求製造業佔國民生產一定比重的時候，香港則如紐約、柏林，淡出了製造業，而不是像倫敦、巴黎、東京、新加坡這樣持續發展高科技生產業。不過因為背靠大陸特別是珠三角，香港仍有替生產業提供服務的行業如物流業。就算把生產業放在一旁，香港的條件 (金融+商貿服務+生產者服務+消費旅遊+知識創意產業) 在世界上也只有少數城市能及。在全球化時代，財富向所謂世界城市傾斜，而香港是其中一個世界城市。

香港有這麼好的條件，但是它在很多方面的表現卻跟它的富裕程度不對稱。香港的人均收入在1997前已經超過一些歐洲大國，但在環保、節能、社會保障方面卻遠低於歐盟的整體要求，在城市保育、文物保護、教育理念、民主生活方面更顯得落後。它的空氣質素甚至達不到世界衛生組織的標準，而七百萬居民的排污，一部份仍是不經處理就沿岸排出海，其他的所謂處理則停留在最原始階段，即隔掉固體，然後添加大量備受非議的氯化液，再排到海港，連內地城市的污水處理標準都達不到，以至要長期封閉西岸沙灘及取消年度渡海游泳比賽。

同時，凡不能穩住生產業的這類全球化城市，都可能有一個危險趨向，就是市民收入兩極化，以及伴隨而來的結構性失業、開工不足與轉業後收入下降，如熟練工人轉行當快餐店員工。香港就算在近三年的所謂經濟復蘇期，仍揮之不去的一個異象，就是貧富差距加大，不只是比例拉大，而是實質的低收入者愈來愈多。看一個地方人的收入，不能只看人均，更有意義的是看中位數。香港的中位數家庭收入，至今比一九九六年的水平還低了百分之十以上，說明至少一半以上的居民實際收入降低了，而月收入在10,000港元至40,000港元的家庭，佔全港家庭的比例由1996年的百分之六十一點二掉到二〇〇六年的百分之五十五，又說明中產階層在減少。最低收入家庭的跌幅更大，現竟有超過五十萬戶家庭每月收入少於8,000港元，這個階層佔全港家庭的比例由一九九六年的百分之十三增至二〇〇五年的百分之二十二。當然，社會上層的收入比以前更高了，譬如說，近日富豪們的消費話題不再是買甚麼樣的遊艇，而是買什麼型號的私人飛機。1997前香港是水漲船高，人人實際收入有增長，所以大家覺得坐在同一條船，但這回大部份人沒有分享到總體經濟好轉的甜頭，這情況不改進，下次經濟衰退時就再不好說什麼同舟共濟。現在香港的貧富差距堅尼系數高於0.52，名列世界前茅，遠大於同樣受全球化壓力的亞洲發達地區如日本、韓國、台灣甚至跟香港同質性最高的新加坡。

這些都足以令香港蒙羞，影響社會和諧、宜居程度及整體經濟發展。

亞洲金融風暴的震盪後，港人更察覺到地緣環境變得很快，擔心香港的經濟前景，懷疑自己的競爭能力，怕會被邊緣化。

從四十年代末開始，本來大致上只要世界經濟好，香港也會好。這裏所謂世界，其實只是指美國和第一世界國家，簡單說是美國好，香港也好，美國二戰後出現很長的增長期，香港也分到一杯羹。九十年代後，世界經濟進一步全球化，香港也成了全球化的一個重要節點，絕無獨善其身的可能。隨着中國改革開放和崛起，香港與內地關係越加緊密，現在確已到了這樣一個地步，就是中國好，香港好，或是說，若美國或中國其中一個不好，香港也不會好。

這是外部大環境，不是憑香港的主觀意願或內部努力就可以主導的。但若深究一點，卻發覺出現了一種特殊情況，就是美國和中國內地情況尚好，香港卻出問題。九七年的亞洲金融風暴就是例子，我們隨着泰國等一些地區下沉，但美國和內地卻沒有同程度挫折。金融風暴後，香港的康復也比別的地方如韓國慢得多，低迷了前後七年，期間中國每年高速增長，香港卻好幾年停滯不前，足見在內地好與香港好之間，也可以有頗長的時間差。換句話說，香港經濟基本上將隨着美國中國變好變壞，不可能自己獨好，但卻可以獨自變壞，或因為自己不長進而持續的滯後。再舉一個例子，九七前香港人均年收入比英國高出百分之二十，十年後英國在新工黨執政下反過來超過了香港達百分之三十以上。

由此可以看到，香港特區的經濟在回歸後的表現怎麼說都不算好，這不能完全說是金融風暴、沙士危機或外部環境使然，而是特區的內部體制和政策放大了經濟衰退，更壓抑了康復及增長。也就是說，經濟上香港不能遇到問題就被動的歸咎外部環境，或等待中央政府給優惠政策，而不主動去改良內部體制、調整指導思想。

這裏，我想提出三點看法，作為回歸十年反思的切入點：

一、今日香港內部的好與壞，大部份是七十、八十年代種下的果，只有一小部份是在回歸後生成的。故此，要處理目前的問題，香港得好好重新總結七十、八十年代的經驗。

二、基本法是特區最上位的法，恪守基本法是非常重要的，現在香港要做的依然是好好的履行基本法裏要求港人實現的事情。

三、這十年香港特區政府做過什麼有建設性的事情嗎？有是有的，但往往跌跌撞撞，好像換了一副新眼鏡後，度數變化了，哪怕只是變了一點點，一段期間內走起路來就會有點浮浮的不確定甚至頭痛。借用已故美國經濟思想家加爾布雷斯（John K. Galbraith）《不確定的年代》（*The Age of Uncertainty*）一書裏的解釋，不確定一詞還包括着這樣一重意思，就是一些在過去確信不疑的觀念，面對當前問題的時候，出現把握不準的狀況，讓人猶豫難決。

回歸十年可說是香港的不確定年代。

經過這十年，香港的問題大致都已清楚的呈現了，許多人更漸漸意識到問題的深層根源，這是一個契機，現在要看市民、特區政府和中央政府的智慧了。我在大陸、台灣地區居住了十五年，看着兩地如何克服重重巨大困難，給了我一個信念，就是：香港這些內部問題，在下一個十年內，是可以紓緩的。

進步的七十年代

對現狀再多不滿的港人，其實也不能回去適應六十年代的香港，因為現在確比當年好。就算只是七十年代初到八十年代初之間，香港也不一樣了，那十年的「進步」是驚人的。想想這份七十年代清單：

- 廉政公署成立；
- 中文成為法定語文；
- 啟動長期建公屋和居者有其屋計劃，後來共住進接近半數港人；
- 九年強迫的免費基礎教育；
- 法定工人七天有薪假期；
- 法定有薪分娩假期；
- 制訂解僱補償等勞工保護法例；
- 增加低價公共醫療；
- 引進公共援助計劃；
- 制訂男女平等的離婚法；
- 成立環保、城市規劃的部門；
- 成立消費者保護機構；
- 設勞工署調解勞資糾紛；
- 設立大面積的法定郊野公園；
- 發展衛星新城如荃灣、葵涌、屯門、沙田；
- 一九七一年開通海底隧道連起港島和九龍；
- 圈地全力建地下鐵並在一九七九年啟用；
- 成立貿易發展局和生產力促進中心；
- 吸納社會精英進入諮詢委員會，所謂行政吸納政治；
- 設立分區的民政署以加強官民溝通，瞭解民意；
- 高級公務員開始本地化，政務官所謂首長級的官員中，一九七七年共337人，本地人佔百分之三十五點二，共一百四十二人，一九八一年增至六百一十一人，本地人佔百分之四十五，共二百五十八人，包括首長乙級的陳方安生和首長丙級的曾蔭權；

- 一九八二年成立區議會，分別代表香港十八個區，議員部份直選；
- 另外，一九七三年開始將部份市政管理和差餉收入下放給一個叫市政局的市議會，市政局財政自主，局內非官位議員一半由政府委任，另一半由具資格投票的市民一人一票直選，後來更發展到超過六成是直選的。

現在回想這個殖民地的六十年代大概是挺令人難受的，貪污成風、公文都只有英文、打工仔沒年假、棚戶處處。當時，社會需要正義個人如英國傳教士葉錫恩，替受欺壓的上訪人士伸冤請命。

七十年代殖民地政府搖身變成進取的有為政府，有意識的推動我在文裏簡稱的「善治」和「現代化基本建設」。

這裏我不想花篇幅探究民意、民間抗爭和進步人士如何替這些改革作出貢獻，雖然那是很重要的課題。我也不去勾劃資本主義發展的階段，或去猜測殖民地政府的動機，只看行為和成果。

以工人法定有薪假期為例，當時商界和親北京人士都大力反對，另外，反貪受到警務人員集體抗爭，把廉政延伸到商界貪污時亦受到部份商界阻撓，抗拒的力量不可謂不大，但殖民地政府卻不改初衷。當時很多政策如勞工安全法、解僱補償、公共援助都受到部份商界反對，以至英國的費邊社(Fabian Society)在一九七六年説，世界上沒人比香港商人對這些幾乎放諸四海的改革更多過度反應。由此可看出殖民地政府面對本地某些特殊利益集團時有着強勢的自主性。

當時主政的是麥理浩，是香港任期最長的一任港督，由一九七一年十一月年至一九八二年四月。他原是外交官，不像前任的港督都是殖民地事務部模塑出來的官僚。外交出身的麥理浩一定知道，在七十年代的世界，還保留着殖民地，並不怎麼光榮。二戰後，全世界去殖民化，英國本土進入福利社會年代，政府在一九六三年撤殖民地事務部並將之併入外交部，學者和意見團體如費邊社都在七十年代發表報告書，要求香港政府在殖民地提供善治，大氣候使然，大概後期殖民官也難免感染到老家的主流價值。

可是，香港的自我完善步伐當時不見得都很超前，有些建設還落後於鄰近地區。我在一九七八年底仍在寫文章，聲援基督教工業委員會爭取婦女有薪分娩假期，香港的這方面法例的制定，在時間上晚於中國大陸、台灣、印度、新加坡、菲律賓、泰國和斯里蘭卡。可以説，殖民地的改革不一定是基於某些普世價值或願景藍圖，而是漸進、實用主義甚至機會主義的與時俱進。

麥理浩第一份施政報告已強調公屋、教育和社會福利的優先性，可是碰上經濟衰退，計劃都要延後或修改，幸而隨後的經濟快速成長增加了麥理浩的底氣。

當時的財政司是夏鼎基，他就是說「積極不干預」那名句的人，任期大致跟麥理浩一樣，由一九七一年至一九八一年，可以說有麥理浩就有夏鼎基，是分不開的。這樣，我們才看得出，後來有人把積極不干預等同放任主義或洛克式極簡政府是不對的。若果當年麥理浩用後來的自由市場基本教義派的理解去解讀積極不干預，就不會有他主政下進取有為的強政府。

不過麥理浩也有所不為，不學日本、台灣、韓國、新加坡那樣制定工業政策，不直接補貼或保護個別產業，對經濟活動管得比較有節制，並在財政上量入為出。換句話說，積極不干預只適用在經濟範圍，政府在市場失靈情況下要積極去矯正，卻完全不妨礙政府提供公共物品、公帑轉移支付，對壟斷性事業如海底隧道實行公有制，主導資產性投資如建公屋，推動該有的現代化基本建設包括提供福利保障、公共醫療和公費教育等等。我們可稱當時的政府行為是務實的進步主義。

一九六一年香港的人均年收入是美金582元，

一九六九年首破美金1,000元大關，一九七一年到一九八一年更升了六倍。有趣的是，七十年代經濟增長速度高過回歸後的十年，但貧富差距堅尼系數卻能維持在0.43，還是很高，但已較五十、六十年代為低，更遠低於一九九七年至今。這大概部份是由於麥理浩政府的進步主義政策有助緩和貧富差，卻沒有箝制經濟增長。

香港的法治與司法獨立機制，開始得比較早，一向是殖民地的特點。七十年代中以後，法治因為廉政而更有說服力，成為香港被公認的最重要機制，香港沒有報刊書籍出版的事前檢查這回事，雖然在一九六七年騷動期間政府曾查禁過左派報紙，到一九八七年才取消報刊管制法，並在一九七四年禁映過談文革的國語片，但言論尚算自由。七十年代確還有壓抑公民集體行動的殖民地惡法，如三個人一起可構成非法集會罪，工會不准把會款作政治用途、不准與外地勢力勾結等等，不過人身保障及言論、遷徙、就業、學術、信仰自由，遠勝於同期的其他華人及東南亞地區。

殖民地政府的改革，在麥理浩的前任戴麟趾時期已開始，不過，用力最大、開花結果的是在麥理浩任內。從麥理浩政府所遇到的阻力，我們可以推想到，政府若是自主性旁落，管治成績也難彰，就算不至於利益輸送，也會因為不想冒犯特殊利益集團而不思作為。

殖民地原有的法治和自由，加上七十年代的善治和現代化基本建設，維繫了資本主義香港的高速發展，雖然仍有不絕的弱勢群體維權抗爭和行業的工業行動，卻大致上實現了當年大多數港人的核心願望，即繁榮安定。在此基礎上，許多居民的自我感覺也越來越好，視香港為家，認同香港。

香港終在八十年代初完成轉型，麥理浩和戴卓爾夫人捧上去北京談判的，正是這個新香港。

可惜的是到八十年代中，大家在紛紛總結香港「成功」經驗的時候，對既有的善治與現代化基本建設視作理所當然，卻沒有充分認識到七十年代的務實進步主義對香港繁榮安定的貢獻，好像香港是自自然然奇蹟般的變成善治的世界城市。在當時大行其道的自由市場基本教義派思想引導下，本地的商界精英把香港的成功經驗庸俗化，遮蔽了麥理浩而單獨引用夏鼎基，更常把後者的積極不干預抽離語境，成了保守意識形態的咒語。

八十年代決定了今日香港

跟之前香港頻密的轉型不一樣，八十年代定下的新型態一直延續到今天，可以說是一次長達二十多年的定型，就是今天大家一般所認知的香港：

- 經濟——由從事製造業的地方城市進階為

金融及服務業為主的世界城市；

- 社會——由移民、過客社會變為長期定居者的市民社會；
- 文化——由依賴進口文化的邊城發展成為生產並輸出本土文化產品的特色文化中心；
- 政治——由英國的殖民地走向中國的自治城邦。

八十年代的大趨勢及一些重要決策，對今日香港有着正面與負面的重大影響，像雙刃劍。

大陸改革開放後，香港大批工廠北移，製造業不再是香港的支柱產業，工業勞動需求急降，香港以國際金融中心自居，更顯出世界樞鈕城市的繁華風貌，港人的實質收入大幅增長，到九十年代中，人均年收入超過美金25,000元。每個人身上如鍍了金，至少感覺自己站在金光大道上，明天只會更好。八十年代至一九九七年，可說是香港人的鍍金年代。紙醉金迷下，一時不察覺失去製造業、迷信市場萬能、不思扶植新產業、染上經濟偏食症的全球城市，正走在劈腿般的貧富兩極化軌道，這點到一九九七後清楚呈現。

(試想想，如果在八十年代去工業化的同時，香港就向知識經濟轉型，除金融、貿易、物流、旅遊等服務業以外，還開始打造成為大中華及亞太地區的教育中心、醫療中心、創新科技中心、創意文化中心——

那時候香港在多方面的優勢都遠勝鄰近地區——香港的經濟體質當比現在強多了。可惜在八十年代，當時的精英們沒有顧得上討論宏觀發展、工業政策，更遑論付諸實行，平白錯過了在去工業化的同期，整體經濟配套升級的黃金契機。這些建議在這幾年才被氣急敗壞的提出，但香港的優勢是否還在？)

一九八四年中英聯合聲明的附件三，限訂殖民地政府在一九九七前每年售地不得超過五十公頃，以前是按市場需求售地，歷年都超過五十公頃，1981年更售出二百一十六公頃，現在人為的硬性減少供地，香港平均樓價由一九八四年到一九九七年升了十四倍，是人均收入跟香港相若的新加坡同級樓價的三倍。自此地產為王，騎劫了香港經濟：房價高則傷民、傷競爭力；低則傷貸款按揭的中產業主，傷市面繁榮。騎虎難下，港人投機成風，創實業的意願萎縮。

高房價鼓勵了拆樓重建，市內好區可觀的原建築集體消失，同時，因為最值錢的土地在海港兩岸，殖民地政府的都會發展政策由在新界移山填海拓新城轉回到港口，在港島北岸和九龍南端鬧市附近大舉填海，以極大化售地收益。

香港與內地之間的邊防，在一九五〇年收緊，不過，內地人只要能到達香港市區，就可以成為本地居民，稱為「抵壘政策」。六十年代初大陸三年災害後期，大批粵人湧進香港，港人熱淚盈眶的拿着乾糧往新界北部接濟他們，有如自己親人，當時稱他們為難民而不是非法移民。文革和一九六七年香港騷動後港人心態有所改變，到七十年代，與經濟快速增長配套的是本土文化興起，加深了身份認同。到一九八〇年，行之有年的抵壘政策被取消，自此大陸人、香港人，合法移民、非法移民就分得清清楚楚，港人邊界觀念牢固化，對內地的心情卻更是矛盾，欲迎還拒，輸打赢要。

八十年代對今日香港影響最大的，是一九八四年簽署的中英聯合聲明和一九八五年開動、一九九〇年初由全國人大通過的基本法。聯合聲明協議了一九九七年七月一日香港回歸中國、一國兩制、香港特區高度自治、社會經濟制度不變、港人治港等大原則，讓世人覺得英方替前殖民地的未來作出了體面的安排，但其實更是中方即原宗主國制度創新的高度智慧的顯示，這是一份了不起的國際協議。聯合聲明公佈後，中國開始主導起草它主權下未來特區的基本法，即香港特別行政區憲政最重要也是最上位的法。

回想起來，在八十年代中後期能達成這樣的基本法是香港的幸運，顯示了當時中央政府想玉成順利回歸的心願，有了它才有回歸後特區高度自治的局面。從現實主義的角度，我們甚至可以說當年不可能修出比現在這份更理想的基本法了。

試設想，如果基本法的漫長諮詢期和起草期不是落在一九八九年之前，而是在一九八九年之後，兩地氣氛大變，港人很情緒化，內地領導人更替，修出來的基本法不可能一樣。甚至可以假想，若改到今時今日才去制定基本法，香港特區不見得能拿到比當年更好的條件。所以，港人不要輕言修改基本法。

從結果看，這份基本法是在國家主權和國情底綫上，保留了八十年代末香港的幾乎所有制度特性——除了下文將談到的行政首長和第二十三條兩大項外。中央政府和起草者當時似都在一起認同一句潛台詞：八十年代中後期的資本主義香港很不錯，主權回歸後我們把它盡量整個保存吧。

所以有鄧小平那句名言：五十年不變——那不變是指八十年代的香港模式。

當時，中央政府決定把第一個內地特區選在緊貼香港的深圳，明言是要向香港學習，這個重大的具體政策，可以印證當時鄧小平對八十年代的香港有深遠的寄望，五十年不變不只是安撫港人的權宜之計。

鄧小平到一九九〇年還說基本法是「創造性的傑作」，說明他對基本法的滿意，故此，我們可以說基本法所體現的，是鄧小平和中央政府對香港特區的全面想法，這包括對香港民主的保證。

基本法的微妙處，是它把香港八十年代已啟動的民主進程也動態的涵蓋進去。在基本法起草期間，有人要求盡快實現特首和立法會普選，也有人反對普選甚至民主，但基本法對兩邊的意見都不採用，在最終目標與不可逆轉的方向上完全肯定特首立法會雙普選，但是在推行進度上要求循序漸進。

基本法對香港民主的安排

香港的民主論述至少可以追溯至日治結束、「光復」後的第一任港督楊慕崎。後來的市政局議員直選，有革新會、公民協會等準政黨組織發表政綱派員參選。

另外，一九八二年成立的區議會部份議員也是直接普選的。殖民地政府在一九八四年的政改白皮書決定在立法局引進直選，中英聯合聲明簽定後，香港出現了民主熱，每年的民意調查都顯示大部份市民要求民主和普選特首及立法局，甚至有多次支持普選的遊行，有關民主的論述更到處可見。可能是訴求太猛，衛奕信港督主導的殖民地政府，在一九八七年和一九八八年，還發表了後來被證明是故意歪曲民意的政制綠皮書及白皮書，試圖讓市民的民主訴求降溫。

基本法隨後審慎反映和肯定的，正是這個降溫的但卻是往前推進的八十年代中後期香港民主化進程。因此才有了後來基本法附件二列明的回歸後第一屆立法會六十席中有二十席直選、第二屆二十四席直選，第三屆三十席直選，以後漸進至全部普選的條文，雖然部份焦急的民主人士對進度不滿，民主和普選的漸進大方向則受到制度化的確立。

一九八九年下半年後，港人要求直選的呼聲更強，中方同意英方在殖民地民主步伐上作了小調整，即在一九九一年立法局六十議席中，由原本的十席增至十八席交由公民一人一票分區直選出來。但同時，中方也在基本法裏加進了關於國家安全的第二十三條。其他大部份已擬定的基本法條文到一九九〇年初人大拍板時沒作大改。

基本法在一九九〇年初拍板後就不想在一九九七前再有任何變化，故此最後一任港督彭定康在九十年代中試圖加大立法局的民主成份，風風雨雨，徒勞無功，到回歸後一概不被承認。

基本法最重要的制度創新，是在如何產生特首的設計。這是香港在回歸前沒有經驗的。殖民地總督是由英皇授命的一個獨裁者，哪怕是個惴摩民意、力求善治的開明獨裁者，法理上港督不受制於任何香港人。但這個獨裁者的時代在香港已永遠過去，不再是一個選項。特區行政長官是要在香港人之間產生，然後由中央任命，但如何產生呢？基本法說得很清楚，先是由八百人選舉委員會選出，最終循序漸進到全民普選。換句話說，過渡階段特首的認受性是偏重商界的小圈子賞賜的，以後正常期特首的認受性是全民賦予的。

這是在基本法決定下，回歸後香港政制最大的改動。特首並不是香港總督換了個名銜，它的產生辦法，與中央、立法會、公務員、特殊利益集團的權責與互動，都需要新的界定和磨合，這確曾引至回歸後一些不確定性的局面。反觀立法會的直選和功能團體自選在回歸前已開始，回歸後普選成份按基本法將持續漸進，雖然具體組合的安排，因為選項甚多，故也爭論不已，但發展的軌跡是八十年代末鋪陳的。

獨裁者有自主性但沒有正當認受性，小圈子特首的自主性與正當認受性都偏弱，惟有普選出來的領袖才可能有較高的自主性和正當認受性。故此，普選是在強化行政長官的主導性。

誰選你出來，你就對誰好一點，這幾乎是代議制的定律。幾百人的小圈子選你出來，你就會對那幾百人及他們所代表的特殊利益集團好一點，至少廣大市民有理由這樣去質疑你。同時，特首因為不是市民直選出來，欠缺認受性和道德的制高點，故在任期內也難有較大的自主性去為香港整體利益而做事。

另外，要有所作為，還要得到立法會的配合。但是，立法會的權力賦予者跟特首不一樣，直選議席也好、功能議席也好，他們各自要照顧他們的選民，特首不是立法會成員的米飯班主，他們沒必要聽特首的。有論者認為這樣的「半民主」行政立法安排，是特區政府十年議而不決、進退失據的理由之一。

不過我認為，既然受基本法肯定並行之有年的立法會民主不能逆轉，唯一的出路是按基本法盡早普選特首，這樣才能增強特區政府的自主性，不受制於小圈子特殊利益集團，同時可以挾人民大多數的認受以期立法會配合從而改善特首的管治力度。

香港的法治 (包括司法獨立) 早已穩固，言論自由，是中產階級壯大的善治市民社會，特首不容易變成獨裁者或偏激份子，即使有變，至少任滿就可以給拉下來。基本法還預設了一道關卡，不管是小圈子選還是普選，特首位子的競選者，要得到一個「根據民主、開放的原則」、「有廣泛代表性」的提名委員會「按民主程序」提名後，才可以參選。這個機制幾乎可以排除過份偏激的人士獲得提名。就是說：

- 普選出來的特首，自主性和認受性將高於小圈子選的。
- 普選出來的特首變為超越法治的獨裁者或犯法者的機會不大。
- 普選出來的特首是偏激份子的可能性很低。

在基本法框架下，普選特首既是唯一的終極選項，也是一個較穩當的領袖更替制度。

香港基本法特首制的設計，反映了當年各種顧慮的妥協和起草者的政治認知局限，確是一項有漏設計。不過，以往十年的經驗已讓我們知道，漸進是有它的好處的，能夠減少憂慮帶來的過度反應，大家也可以有時間看清問題，考慮得更周詳。現在的有漏機制並不是不能運作，而且是可以逐步改進的。

所以，基本法是中央政府、特區政府和全港市民都必須共同誠心誠意而且全部恪守的。現在港人要按本子辦事，好好去落實基本法賦予的權利和保障，循漸進實現特首和立法會全面普選，讓香港結束不確定的過渡期而進入正常期，其中關鍵是結束小圈子選特首這個過渡期安排。

同樣道理，恪守基本法，香港就要按基本法二十三條而立法。雖然基本法沒有說什麼時候要訂出這條法，但回歸已十年，也不可能永遠拖下去。立法過程中可以有激烈爭論，並且要阻止惡法的通過，但目的是訂立一條好法而不是不立法。上一回，特區政府立法倉猝，引起市民極大反彈。下一回特區政府再為二十三條立法，必須遵從好的立法程序，參考好的法學意見，官民共同來治一條符合基本法要求、兼顧國家安全和香港法治自由傳統的好法，到時候大部份市民自然也會支持。港人反對的應是惡質的立法，不能是基本法二十三條。

二十三條與普選這兩大項目，現在都已到了具體而微的建構時刻，所謂魔鬼就在細節中，是特別需要智慧與策略去成就的。不過，拜基本法之賜，香港終於循序漸進到了超越過渡期、結束不確定性的契機。

香港未完成的實驗

回歸十年，香港特區的體制、管治指導思想和內部問題，很大部份帶着八十年代的烙印，故可以說，過去十年更多是回歸前的延續而不是斷裂。這恰好是符合中英聯合聲明和基本法的願景，因為保留八十年代的香港制度到一九九七後五十年不變正是兩者致力所在。

不過，在地緣經濟發生變化的全球化時代，我們八十年代成形的這點成功經驗很明顯不夠用。或許我們過去二十多年的經濟偏食症及曾蔭權特首說的深層矛盾，由潛伏期到了發病期，或許我們未能因應中國和全球化的新形勢與時俱進，或許我們根本沒有全面準確的理解香港的成功經驗，特別是政府應該扮演的角色。

政府官員及商界精英在殖民地時期曾經內在化了許多偏見，現在依然滲透在特區政府的指導思想裏，扭曲了香港的自我理解，同時長期受到既得利益集團過度的影響，妨礙了特區政府制定合適香港整體利益的發展模式。

每年，美國的傳統基金會說香港是世界上最自由的經濟體，我們就沾沾自喜大事宣揚。該基金會以保守自居，開宗明義標榜宗旨是推進「傳統美國價值與強大的國防」，這樣一個外國組織說我們乖，真的值得我們這麼高興嗎？該組織還要警告香港，若不跟足它的自由市場基本教義派的經濟教條，就會將香港拉下來，把頭銜賞給新加坡。這真是令人費解的反諷，新加坡很多方面恰是香港的相反，政府以直接干預經濟出名，由工業政策至公有制企業都不忌諱，稅比香港高，證券監管遠嚴過我們私人俱樂部式的交易所，若新加坡這樣反可以奪冠，傳統基金會的標準何在？又若新加坡從第二升到第一，是否表示香港應該開始向新加坡的某些方面學習？

但不管誰第一，我們都應該知道傳統基金會那一套只代表美國某一種帶偏見的意識形態，連美國經濟和政府政策都從來不是依它的標準來運轉的，更不是為了香港的利益而設計的，用它來忽悠作秀，唬唬一些外來人也罷，不要真把它當一回事，不然別人沒騙到卻騙了自己，為了讓一個有組織的外國勢力摸頭，而不去解決自己的深層矛盾，走自己該走的路，做自己該做的事，那就太不像話了。

另一個新挑戰是地緣性的。就算在內地，地區之間也會激烈競爭，香港已不可能獨佔華南地區的地緣優勢，一種反應是區域合作製造雙贏，另一種反應是搶掉鄰居的飯碗。不管官樣文章怎麼說，特區政府至今仍不確定該如何自處。

以建大橋連接珠三角的西邊和東邊這項大工程為例，從區域整體利益考慮，最優化的建橋地點可能是在珠三角中游，即廣東當局提議的由中山東部跨到深圳西部、含軌道運輸的深中大橋，完工時間短，環保難題較少，費用估計是港珠澳大橋的十分之一，同樣可以做到便利粵西的工業產品運到粵東的海空物流港的大前提，當然，有物流來了香港，也去了深圳。相比之下，在珠三角最下端的港珠澳大橋多浪費——資本的浪費、時間的浪費、材料的浪費、能源的長期浪費——完全靠汽車，沒有軌道運輸。可是，香港想把這份物流獨佔。在歷屆特區政府和特殊利益集團的操作下，現在是中央拍板、廣東附和，深中大橋給壓下來，讓路給這個已成了特區政府政績工程的港珠澳大橋，後者卻因融資等問題一拖再拖，可是再不上馬各方的面子都掛不住，更不用說後面一大群利益分享者會很惱火，像我這樣現階段還站在區域整體利益立場說反話，會被罵作不顧香港利益。但真的是不顧香港利益嗎？若大橋成功，就表示很多汽車在使用它，其中一大部份將是貨運車，在香港這邊難免產生環境和交通的大量負面界外效果，惡化特區西部已經很嚴重的空氣污染和交通擁堵問題，難道不損害香港的整體利益？這還沒說到淤泥妨礙珠三角排洪、中華白海豚生態圈受威脅等環保考慮。真不知道港珠澳大橋項目的環保及交通可行性評估是怎麼過關的。

今年六月上旬，香港的律師會慶祝成立一百年，舉辦兩項活動，百周年紀念杯跑馬大賽及百周年誌慶餐舞會，香港的《文匯報》標題說「律師會跑馬跳舞慶百年」。這活動有象徵意義，因為香港以法治著稱，而對許多內地人來說，「馬照跑、舞照跳」是香港回歸、平穩過渡的最通俗化表達。米字旗降下，五星紅旗和紫荊花旗升起，兩旗飄飄，見證了香港十年來不變的一面，確實值得祝賀。由現在一直到七月一日那天，香港將有不綴的慶祝活動，吸引世人再次慷慨的把目光投給香港。不過，當中外嘉賓和媒體興盡離場後，香港還有很長的路要走。這個前殖民地雖只是一個小地方，經營起來也不比烹小鮮易，許許多多迫切的事情等着港人去完成：基本法的落實，特首和立法會普選的實現，加強特區政府的自主性和認受性，清除政府官員及商界精英在殖民地時期吸收的許多偏見，建構香港自己的方法和問題意識、尋求符合香港的發展模式……。香港一國兩制的實驗尚未完成，港人任重而道遠。

下一個十年：香港的光榮年代？

寫在二〇〇七年中

我一向強調香港是個不錯的地方，我這一代在香港長大的人很幸運。可惜的是我們後來過於自滿，而富裕帶來了路徑依賴與懶性，粵語所謂的「食老本」。我們本來是有條件也有責任做得更好、並早早解決一些內部問題的。

現在香港特區內部確是有些問題，挺不光彩的。舉些近例：

1. 貧富差距之大在發達地區排第一，遠遠超過同樣要承受全球化壓力的亞洲發達地區如日本、韓國、台灣，甚至與香港同質性最高的新加坡。這說明香港不能把責任都推給外部因素，而不去檢討內部體制和政策如何助長了貧富懸殊。

2. 政府帶頭破壞文物、消滅集體回憶。以拆天星碼頭為例，富裕的特區竟為了多建一幢商場和一條公路，不想繞路，而拆掉香港最著名的地標性建築。這種消滅本土物質遺產及集體記憶的行為，一般是殖民主義者所為，特區政府的表現竟像野蠻的殖民者。

3. 污染、耗能讓香港穢名遠播。以京都協定書為例：中國是簽定國，不過發展中國家不受排放限制。可恥的是香港這個特區，以往在許多國際事務上，因為一國兩制的安排，香港都單獨用「中國香港」的身份參與，但這次卻躲在中國後面，逃避履行發達地區的排放制約，亦因此特區也缺乏動力去節能。

香港在一九九七前的人均收入已高於一些歐洲大國，但是它在環保、節能、社會保障、城市保育、文物保護、教育理念、民主生活等多方面，一直落後於它的富裕程度。再說一次，香港是有條件而且有責任做得更好的。

香港要檢討的是它的價值觀和自我認知。

香港的精英階層，在八十年代中總結香港「成功」經驗的時候，對七十年代才建設出來的善治與現代化基本建設視作理所當然，卻沒有充分認識到當時的務實進步主義對香港繁榮安定的貢獻，好像香港是自自然然奇蹟般的變成善治的世界城市。糟糕的是，在大行其道的自由市場基本教義派思想引導下，本地的商界精英把香港的成功經驗庸俗化，遮蔽了麥理浩港督在一九七一年至一九八二年的任期內，由政府強勢主導的改良主義政策，卻喜歡單獨引用麥理浩政府的財政司夏鼎基的名言「積極不干預」，把後者的這句話抽離語境，成了市場萬能意識形態的咒語。

回歸十年讓我們認識到，殖民地時期遺留的發展理念和經濟偏食症，磨滅創業意願、擴大了特殊既得利益集團的影響和壟斷能力，增加了低收入階層人數。這些問題是要去處理的，而富裕的香港並不是沒有能力、沒有資源去處理。不過，香港必須有效的清除精英階層在殖民地年代吸收的許多偏見，提出新的問題意識，調整特區政府的指導思想和管治習慣。譬如：

經濟的指導思想，由以前的積極不干預，調整為積極的經濟優勢營造。

管治的慣習，由殖民地總督的獨裁式行政主導，改為特區政府的行政部門與立法會協商共治式的行政主導，即代議民主與協商民主的結合。

同時，要增強政府的自主性，加大政府的認受性，最佳方法就是按基本法實現特首和立法會的普選，早日結束過渡期，讓香港進入民主政治的正常期。

否則的話，時任特區政府依然只會繼續揣摩上級天意，過度耳從既得利益集團，搞親疏有別、施小恩小惠，玩民意牌卻不議不決，執迷公關形象表面工夫而不敢履行進取的全民政府應有的擔當。

社會公義和社會保障是和諧社會的基石，市場的公平性、競爭性及規範性是靠有效管治維護的，政府不能缺席。

為了香港，要環保節能；作為富裕地區的世界公民，香港要帶頭環保節能。

文物、集體記憶、舊房舊街舊店舊區是本土文化的累積，配上與國際接軌的新生事物，香港才能更多姿多彩、多元、好玩，並為以後的創意產業提供了發展底氣和文化資源。

回歸開始到今天有一個重要趨勢，就是許多市民特別是年輕人視香港為家。既是家，就該宜居，清潔，有回憶，有歸屬感，自己當家作主。特別是二〇〇三年後，港人這方面的表達就更清楚了。是這股動人的公民社會力量讓我認為在未來十年，特區將有所改善，令香港成為大家引以為榮的地方。

如果香港能普選特首和立法會，真的實現人民當家作主，普世都說香港是個民主的地方，我覺得是一件光榮的事。

如果香港是個公正的和諧社會，創業條件和社會保障俱好，貧富差距不再遠大於日本、韓國、台灣、新加坡，我覺得是一件光榮的事。

如果香港城市能保留自己的本土歷史特色、港人有文化、夠創意，我覺得是一件光榮的事。

如果香港在環保、節能方面為世人稱頌，全球人材愛到香港就業定居，更重要的是本地人覺得香港是個宜居的好地方，符合了香港人說的一句話：人家讚賞、自己滿意，我覺得是一件光榮的事。

以上，香港其實都是可以在十年內取得重大進展的，事在人為。這所以就算我們理智上感到悲觀，意志上仍要保持樂觀。

以前香港是殖民地，殖民地沒有光榮可言。

現在香港是中國的成員，可以光榮了。你可能會問，這樣搞，會不會光榮犧牲？我告訴你，我也是香港人，要犧牲的話我寧願不要光榮。上面所說的一切，首要是為了香港變得更好，光榮是免費附送的。

下一個十年，香港應該可以做到：中國的一份子、為內地的經濟發展及社會進步作出貢獻、繁榮、安定、法治、自由、民主、和諧、善治、公正、環保、節能、宜居、好玩，一個有自己文化特色的世界城市。到時候我相信很多港人、國人也會跟我一樣覺得與有榮焉。

香港的自我認知

錯覺、偽命題、滯後意識

我想說說香港自我認知的三個誤區，一個是錯覺、一個是偽命題、一個是滯後意識。

一　錯　覺

這個錯覺是一位大陸朋友提醒我的，他來了香港十幾年，在商界做事，他一直想說服我：香港其實比中國更中國！你看，香港警察叫做差人，派出所叫差館、衙門，好像還在清朝。加上香港有許多活的傳統慶典，一些中國節日還是法定假期，這些內地都不如香港。本地的社會學家說香港的特點是低度整合社會和家庭主義，正說明香港保留了很多中國社會的成份。更不說民間的鄉規民約如新界物業傳子不傳女尚受到認可，香港的黑社會文化比大陸更流行、更有歷史傳承。

我這位大陸朋友並沒有全錯。我們在小學中學還讀過《論語》、《孟子》、《莊子》，並背過唐宋詩詞和文言文，跟內地情況不一樣。一位中國社會科學院的朋友告訴我，她一九四七年出生，一九五三年上小學，一直到了中學畢業都沒有讀過

《論語》、《孟子》、《莊子》。我們知道六十年代有文革對中國舊文化的清洗，七十年代還批孔，要到了九十年代中，國學才受重視，可以說有三、四十年，幾代的大陸人很大部份沒有在基礎教育時期正式學過中國經典。所以，近年中央電視台一個講演《論語》的節目會引起轟動，很可能是因為幾代觀眾對《論語》並不熟悉。九十年代台灣漫畫家蔡志忠的莊子漫畫集在大陸出版，反響也很大，很多讀者說以前不知道莊子這麼有趣。

說大陸人一定比香港人在方方面面更有中國文化，或許是有點錯覺成份。香港人不應妄自菲薄，我們的中國底蘊也不弱，包括壞的方面與好的方面。

不過，我不會同意一面倒的說香港比中國更中國，因為香港人對當代中國的認識是遠不及大陸人的。除了當代的人文地理外，更有一種特殊的當代文化是香港人陌生的，我稱之為黨國文化。這個黨國文化是由共產黨人啓動的，在一九四九年前已在各根據地如延安慢慢成形，一九四九年後通過國家的力量變成全國文化，早期往往是對蘇聯「老大哥」的模仿，後來發展出中國自己的特色，成為當代大陸文化的重要組成部份。黨國文化不等於民族文化，它有傳統中國文化的成份但亦混雜了許多現代與外來的元素。它也不相同於晚清以來的各式救國文化。這裏所說的黨國文化是共產黨人建構的。

內地人士經常簡稱黨國文化的載體為「體制」、稱其衍化為「國情」，內裏有許多潛規則，外人一時間不容易弄清楚。對這個黨國文化，很多香港人的確是不太熟悉的。

所以，當香港特區高官、政治人物及社會賢達叫香港人多理解中國、多學習中國文化的時候，不管是有意識的或無意識的，他們也等於在叫大家學習這個黨國文化。香港人之中最早瞭解黨國文化的大概是在大陸做生意的商人和專業人士，現在好像特區高官也對黨國文化有點頭緒了。

當然，大陸的黨國文化並不是鐵板一塊，它也在慢慢演變。

至於當代的中國人文地理，香港人知道多一點、興趣大一點確也是應該的。

至於當代的中國歷史，在大陸只有一個官方版本，我建議港人多參考不同的觀點，這樣才對得起訊息自由的香港。

至於傳統中國文化，香港人固然可以多學，大陸人則更應補課，而且每一代都要重新學習。

二　偽命題

近年住在北京，常聽到有人問別人，你是哪裏人？有人回答說是河南人、廣東人、上海人、天津人，從來沒聽過有人說：我是中國人。難道他們不認為自己是中國人嗎？當然不是。只是說明一、所有問答都是有語境的，要看你怎麼問法；二、中國的身份與地方的身份是可以並存的而不是非此即彼的。

可是在香港，有一些社會科學家做統計調查，在同一條問題中，要你確定其中一個選項：你是香港人、中國人、中國香港人、還是香港中國人？

這樣的問法，結果每一個選項都有人挑選。

如果拿這樣的問題去上海、成都、北京，問北京人你是北京人還是中國人，只准挑選其一，也可能各有人選，結果讓人吃驚。

本來是可以相容、並不是互相排斥的選項，硬放在一條問題裏，要大家做一個選擇，其實就是在製造社會分化。

香港的一些社會科學家，用貌似客觀的社會科學方法及語言，在香港製造了一個偽命題，並因此人為的製造、加深及延續了社會的分化和對立。

偏偏香港有兩派政治人物，喜歡利用這樣的調查結果：

一派說，你看，香港回歸這麼多年，還有這麼多人不承認自己是中國人，說明中國不能相信香港人。

另一派說，你看，香港回歸這麼多年，還有這麼多人不承認自己是中國人，說明香港人不願意認同中國。

兩派政治人物互為鏡像，利用分化香港作為自己的政治資本，論據則基於社會科學家營造的一個偽命題。

我多次在香港用中文演講的時候，會問在場的人士一個問題：有誰不承認自己是中國人的，請舉手？從來沒人舉手，只有一次有個年輕人舉手說他是馬來西亞人。

以我這些不科學的調查，我會說香港華人都承認自己是中國人。又因為絕大部份香港人是華人，所以我的結論是回歸後香港不存在國族認同問題。

但為什麼我的不科學調查結果，跟社會科學家的調查結果會差距這麼大？我相信要檢討的是社會科學家。

其實只要社會科學家把問題分成兩條，結果就會完全改觀：

第一條是：你承認你是中國人嗎？

第二條是：你承認你是香港人嗎？

我相信，兩條問題回答承認的比例都會很高。

重複一遍：中國人和香港人的身份本來就是並存的而不是互相排斥的，只是香港的社會科學家用謬誤的方法硬製造了身份撕裂。

三　滯後意識

過去二十多年，香港人的主流價值觀中，親中與民主的成份都加重了。這兩種訴求的互動和張力，很微妙的共同成就了回歸後港人治港、高度自治的局面。缺了其中一種，或向其中一種一面倒，就沒有了彼此之間的制約，情況恐怕只會比現在更壞，因為若果人人都過度聽話，實教人很難「忍手」不伸手過來，甚至會有聰明人開大門發邀請函，但若過份不聽話，則會出現高度敏感的局面，引起過度反應。兩種情況都可能顛覆掉高度自治。所以港人應該感謝兩邊固執己見的熱心人和積極份子，因為他們的同在，產生的平衡效果符合了香港最優化的利益。

不過我們可以想像，到了親中與民主的訴求就如法治和自由成為香港的主流價值的時候，在珍惜和不斷維護之餘，親中與民主作為對立化的爭論議題反而會淡出。這對香港是好事，因為一九九七前後許多政治紛爭和社會對立，往往是源自這兩大爭論。

這幾年更多港人親中。這是順理成章的，不親中親誰？我相信，以後絕大部份的政治人物都是親中的，親中與否將不是一個對立的選項，因此不必再成為一個分化性的政治議題。

同時，普選按基本法實現後，反對普選就是反對基本法，因此贊成或反對普選，以至加快或延後普選，也不再是政治爭論焦點，到時候所有政治人物都成了民主派，民主也不再是個正面或負面的標籤。

回歸十年後，香港親中與民主兩個訴求其實已相對比以前穩固，故此它們作為政爭議題也都快將完成歷史任務，可以携手鞠躬，光榮退出香港的政治舞台。

所以，當一些媒體還在炒作民主與親中這兩個議題、當一些政治人物為了頭上的光環或為了向港人傳達天意的特權而繼續利用這兩個議題作為政治本錢的時候，他們要知道現實跑得快，他們的意識快要滯後了。而更重要的是，很多香港人的意識早已超越了這兩個議題。

拜基本法之賜，香港終於循序漸進到了超越過渡期、進入正常期的契機。現在是協商的時候。結束不必要的對立議題，剩下共識的成果，肯定有利社會和諧，讓港人能專注克服迫切的內部問題，共同迎接未來的挑戰。

香港的兩種精神：搞掂與工夫

香港老話說：一樣米吃百樣人，要把一個地方的人歸總為一個面貌是不容易的，甚至是不可能的。我們就說着玩吧。

香港人愛把事情快快的完成，替遊客量身訂造的西裝在二十四小時內交貨，注冊一家股份有限公司只需要一個工作天——如果你找專業會計師幫忙的話。你到匯豐或恒生銀行門市部取錢或換外幣，看到人山人海，不要走，大家都在排隊，你也排吧，比你想像中快就會輪到你，然後你會發覺櫃枱後的那位銀行職員，以超快的速度替你填表、數錢，好像他或她比你還急。香港銀行櫃枱職員辦事轉速之高，我在世界其他地方沒碰到過，身為香港人每次去銀行，我心存感激之餘還依然覺得驚訝：他們幹嘛這麼沒完沒了的拼命幹活？

香港人常說的一句話是「搞掂」，內地媒體寫成「搞定」，意思一樣。港人口語裏更常只單用一個「掂」字，意思很多，包括「完成了」、「沒問題」或「這是可行的、做得到的」，說一個人「掂」就是說他能幹、有水平、很有辦法處理事情。香港銀行櫃枱後面的職員就很「掂」。

大陸有個電訊廣告的口號是「我能」，換到香港就會是「我掂」。

曾蔭權特首曾用英文説香港有 can do 精神，can do 最貼切的粵語翻譯可能是「搞掂」，比一般所説的「拼博」含義更豐。任何外來詞如果連個傳神土語的同義詞都沒有，就只是舶來新鮮事，不可能已經是當地的精神。我認為 can do 可以算是香港的精神，因為香港有「搞掂」這個豐富通俗的土語。

香港的搞掂精神，大概跟廣東人的敢為天下先，和一九四九年後南來的海派商人創業精神有點宗譜關係。

搞掂精神是一種勇於猛進、敢於接受挑戰、開山劈石、不怕克難吃苦、要把事情做好的精神。基本上，是一種樂觀的心態。但這卻表示只有在蛋糕越做越大、人人明天都會更好的時候，大家才會來勁，願意去 do。如果阻力不可克服、沒有成功機會，再 can do 的香港人也會變得 no can do。好像現在，連曾蔭權特首也説香港有高地價、高租金、高工資的深層矛盾，這樣的長期營商環境，只有大企業和高價值的行業才受得了，一般人搞不掂，誰還敢亂 do？

在零和遊戲或餅越攤越小的情況下，搞掂精神更會出現扭曲、負面的變奏：投機、不做長期打算、走捷徑、佔便宜、過度計算、只做表面工夫，甚至假冒偽劣都來，説到底，搞掂精神這種做人態度，裏面缺乏了道德、理想和技術的含量。

這時候，香港要喚醒它另一種精神，就是工夫精神。

工夫，或作功夫，現在約定俗成可以通用，按《說文解字》，工者，巧飾也，像人有規矩也，而功者，以榮定國也。工夫的現代意義可包含上述兩種原初定義。

現在，中國武術在世界上有名，香港的武打片也叫功夫片，很多外國人一聽到工夫兩字，就想到中國武術。粵語有「打工夫」一説，表示打鬥確也是工夫，但只是工夫的一種。

粵語的香港日常語中，用工夫兩字的時候非常多，指涉十分廣，包括考工夫、落足功夫、真工夫、好工夫、手作工夫、練工夫、冇恁上下工夫點學人行走江湖、硬工夫、工夫到家、白費工夫、冇工夫、冇幾耐工夫、一眨眼工夫、一盞茶工夫、只要工夫深鐵杵磨成針、水磨工夫、臉上工夫、枱面工夫、床上工夫、工夫在詩外等等。這裏包括着勤力、有恆心、負責任、誠信、榮譽、自我修練、尊重知識和技術等傳統價值觀。

可以說，香港人是能夠很直覺的明白工夫的道理的，我們的價值觀是尊重工夫的。以前香港的工夫電影，主角都很仗義，背後有高超的技巧 (武術) 做後盾。當然，他們的工夫是從紮馬站樁等基本功開始苦練出來的。

但香港後來發生了什麼？後來淪落至周星馳電影《功夫》裏的「反工夫」：那主角不學無術，欺善怕惡，招搖撞騙，隨時犧牲他的唯一朋友，為向上爬不惜投靠匪幫，然後忽然發覺自己是真命天子，天生異禀，不勞而獲的變成武功蓋世。

這是一種中六合彩的狂想，香港工夫精神的墮落。

讓我們再深入一點看工夫的含義：當我們誇一個外科醫生的工夫好，這工夫其實包括着書本知識、理論、技術、重覆鍛練、耐力、經驗、藝術、想像力、身心配合、隨機應變、操守修養、敬業樂業、專業傳承、團隊合作、IQ加EQ，以至為人民服務的精神。不論是一個廚師、動畫師、工程師、科學家、投資銀行家、企業管理人或政府官員，他或她的工夫也應包括上述所有元素。

現在，任何創業、創新或經營都不能只是勇字當頭、拍拍胸脯說搞掂就做。今時今日的競爭環境，沒有幾下工夫能成功嗎？或許可以說，只有工夫但沒有搞掂精神的人，大概不會傾向創業、創意、自主創新，但反過來說，只有搞掂精神卻沒有工夫也是白搭。

廣義的創業，除了指創業家的新事業外，還指企業內部要有創業文化和創新型骨幹，以至政府和公共機構內部也要擺脱官僚習氣，從而推動積極創新的精神。廣義的創意、創新涵蓋面也越來越廣，由十幾個行業的「創意產業」，擴大至包括律師、會計師、企業管理人等知識工作者的「創意階層」，再擴大至創意社會、創意經濟，即整個社會和經濟體都應該是學習型的、創新型的。中國政府新的五年計劃也把創新提到國策層面。

創業要有搞掂精神，但光是短期衝刺式的搞掂是不夠的，還要有熬下去的克難工夫、有真材實料的創新工夫。

創意創新則先要練好內功外功。

研究發展就是工夫加搞掂，創業創意就是搞掂加工夫，所謂藝高 (工夫) 人膽大 (搞掂) 。

搞掂精神與工夫精神是絕配，成就了香港過去的繁榮，香港經濟和社會的進階發展，需要港人重拾原來就屬於香港的兩種精神：搞掂與工夫，缺一不可，若能繼承並發揚光大這兩種精神的話，香港的未來還是會好「掂」。

香港文化、香港創意產業

《明報周刊》要我寫文章扣問香港文化會否被邊緣化，我想先把香港的創意產業作為一個獨立的題目抽出來說明，然後才談香港文化這個大題目，理由在下文中望能不言自喻。總的而言，香港的創意產業或許會被邊緣化，可是說不定將來實質產值反會擴大，但香港文化卻不存在被邊緣化的問題，有的只是自己演變、發揚或衰落。

創意產業

在上世紀的八十、九十年代，香港的某些創意產業在華文地區有過稱得上「中心化」或主導化的輝煌，我們的廣告人員，促進了國內和台灣廣告業的轉型，我們的武俠小說風靡大陸，我們的電影拖垮了台灣當地的商業電影工業，並深深吸引了國內觀眾，我們的電視台幾乎獨佔了廣東的收視，電視劇傲視兩岸及海外華人市場，而我們的流行音樂也和台灣的同行一起在內地領導風騷。

相對於那個時期，現在香港的創意產業是在一項一項的讓出主導的位置，譬如說：國內的廣告中心現在是上海和北京，對香港的依賴越來越低，跨境古裝電視劇的主導權已經在大陸，香港TVB在廣東收視仍可觀但份額變小，而粵語流行曲成了粵港的地區音樂，真的像是被邊緣化了。

香港不再是華文創意產業的唯一中心，以後也不會是，不過我們依然可以是很耀眼的明星，依然有抗邊緣化的條件。以華人城市而言，香港的創意產業仍穩站在前三名。

有些創意產業已經得益於國內市場的開放，譬如説各類設計行業忙着接國內項目，我們的著名商業設計師、室內設計師、建築師的業務量都增大了。在網絡和移動電話上的新生媒體，港資參與也比較多。這裏看到一個規律：能够結合國內市場的創意產業將有實質的增長，那是個活門，裏面海闊天空，我們雖不是產業的獨大中心，但隨着國內市場的成長，我們的未來產值和實際收益可以比以前大。

香港內部市場小，在美歐日韓以至國內的圍攻下，香港的創意產業如果不打出去一點，不攤分到內地市場，長期來説是有可能被進一步邊緣化、市場內捲化，以至內爆。

香港創意產業的前景，一言蔽之，成也大陸、敗也大陸。

現在的難度在於光是我們一方下決心還不够，因為國內設了很多市場以外的障礙，不讓你輕易進場。譬如說國內的雜誌和圖書出版社名義上都是國家的，由港資真正擁有的絕無僅有，投資者只是承包商，等於付租金的房客，最終是沒有產權保障的，除了易生糾紛外，還減弱了作出大量投資和長綫經營的決心。

內地還有個「大市場、小生意」的悖論，就是消費者雖多，可合法回收的錢卻很少。國內電影院總票房二〇〇五年是20億左右，已經算是近年表現最好的一年，比香港這個700萬人城市全盛期的票房多不了一倍。戲院票房的現象還不能全怪盜版，而是內地電影發行與播放配套系統嚴重不到位的問題。就是說，內地市場也受到本身體制和政策的限制而未能發揮潛力。

內地不改好，香港也好不到那裏去。

創意產業特別是媒體是中國的「開關」行業，一回開，一回關，權在官手，依據的不是市場理性，而是三方面的奇怪結合：意識型態控制，官僚自便、自利與自保的習氣，內地寡頭國有產業利益集團的保護主義。

所以問題不只是我們有沒有決心，或有沒有競爭力，而是我們不一定能夠有平等機會參與內地的發展，並跟內地創意產業同樣受制於體制和政策。

回歸進入第十年的今天，這正是香港特區政府應做的事——明白的作為香港的利益代表，與內地其他強勢利益集團，或聯手或較勁，一方面促進內地改革，一方面向中央爭取「國民待遇」，即機會平等的准入政策。

CEPA為香港電影界創造的條件，是一個開始，應推而廣之，讓港人能夠產權清楚的在國內成立圖書出版社、雜誌社、報社、電台、電視台、影視製作發行公司、動漫基地、網絡和移動電話服務提供、建築事務所……

廣東是國內明白香港文化也深諳內地「國家文化」的唯一「雙向」地區，我一直寄望廣東能成為試點，讓粵港兩地的創意產業真正結合互補，因為廣東的創意產業也面臨着被邊緣化的問題，靠自己發展創意產業，不若跟香港聯手，雙翼齊飛，廣東弱的正是香港强的，香港弱的正是廣東强的，合則雙贏，分則俱敗，本是最佳拍檔，奈何貌合神離。

香港文化

文化的邊緣化意味着從中心位置向外移、靠邊站，或是有外力要把你替代掉。

曾經有一度歐洲的共通語言是法語，後來英語崛起，法語可說相對的被邊緣化。

台灣在光復後，政府曾强勢打壓台語文化，學校不准說台語，連傳統的歌仔戲都一度被禁演，我們可以說台語文化當時在台灣是被邊緣化了。

香港文化一向身份鮮明，很有特色，但是在世界以至海峽兩岸，卻從來不曾佔過中心位置——其他地方的人看我們的創意產品不等於認同我們的文化，就如香港人愛看美國片卻不表示他們像美國人。既然從來不是中心，本來就是邊緣，何來邊緣化一說？故嚴格說，現在也不必替自己添加被邊緣化的焦慮。

香港文化只對某些海外華人的離散社會有相對主導的地位，至今在彼邦仍是與台灣文化、大陸文化並存而互不替代。港式文化在廣東和華南雖甚為流行，但說不上擠掉了當地民間文化或一九四九年後強勢趨同的國家文化。

此外，在香港內部，我認為至今也沒有任何強勢外力硬要把我們原有文化替代掉，故談不上被邊緣化。

我認為值得提出的問題，倒是近年香港文化的內部變化，如何影響香港的發展，是不是在削弱我們的競爭力。

香港文化不是一種單文化(mono-culture)，而是多元複合文化，不是一兩句話可以打發掉，我曾經用過至少五個維度來談香港文化的特色：can do 文化、工夫文化、半唐番文化、城市文化、世界主義文化，都是很容易被香港人理解甚至認同的，很豐盛的——或曾經很豐盛的——屬於香港的一部份。我認為這是香港的幸運，因為這些文化資本、思想DNA、民眾性格，如善加利用，是特別有利於香港在這個中國崛起的全球化時代的發展和競爭。

大家應該焦慮的是，在過去十來年，是否出現了停滯甚至退化，就是說，我們的文化資本不單沒有增長，反而稍有萎縮，上述這五個維度沒有良性的進步，反而原地踏步甚至退步，文化優點沒有被發揚，反而常被遮蔽，缺點卻露出來並且擴大了。

香港文化產業的再度本土化

雜種本土主義的案例

從七十年代初開始，粵語文化再度抬頭，本地製作的粵語電視節目、粵語電影及粵語流行曲成了主流，佔了市場的較大份額，另外在電台、報刊、廣告、漫畫、設計、書寫等藝類也出現明顯的本土化或再次本土化現象，成為了香港自己的特色文化。本文嘗試從香港文化再度本土化的經驗，整理找出三個假設，同時看看是否也適合解釋全球化及區域化時代其他華人大城市的文化產業發展。這三個假設是：

- 大城市文化產業的本土化或再度本土化，在開始階段是一種進口替代行為。
- 大城市文化的本土化或再度本土化，是一個不斷雜種化的過程。
- 雜種化的文化本土化，建構出大城市新的本土文化身份、加強了本土的主體性，這種有主體性的雜種化主張可稱為雜種本土主義，是一個既有描述能力也有規範意義的概念。

進口替代

一個地方的本土文化的出現，不可能是因為「比較優勢」，否則，當年香港都應只看美國電影，而不會去搞製作水平較低的港產片。同樣，電視上也只應有精良的配音日劇，而不會有後來成本較低的港劇。事實上，世界上大部份後進後發地區在文化上都沒有絕對的比較優勢。正因為文化發展幸好並不是基於地域分工的比較優勢原則，所以在資源比較上沒有優勢的本土產品卻可以因為討得本地人的歡心而有了市場。大部份本土文化產業在開始的時候都資源匱乏，全憑發燒友的努力及本土特色的創意，在原先由進口產品主導的市場中搶回一點份額，即進口替代。

本土文化產業因此是由進口替代帶起來的。這在後進的大城市如香港特別明顯，因為後進的大城市往往有過一個階段是高度依賴進口文化產品，然後出現再度本土化現象，經過一番市場競爭後，本土文化產品一般雖不致於完全取代進口產品，卻佔了頗高的市場份額。

這個進口替代觀念之所以重要，因為往往有人以為文化產業應以海外市場為第一市場，是輸出導向的。既要決戰海外，去別人的地方攻池掠地，當然要有比較優勢，最後發覺門檻太高，原創東西做不過別人，惟得放棄，或替別人做代工。

但若以自己的市場為第一市場，以進口替代方式逐步建立內部市場，讓較低的投資可以回收，累積經驗後，然後稍作擴大投資，提升產品質量，在增大本地市場之餘，一些較好的產品反而可能受同構性的鄰近地區青睞，說不定假以時日，本土產品越做越好，市場越來越大，良性循環下終於可以輸出到更遠更廣大的非同構性區域。香港的一些文化產業如電影、電視劇、流行曲都有過這樣的經歷。當然，也有例外的情況，譬如說一些藝術電影有可能在國際有較大的迴響，在本地卻沒有市場規模。

再度本地化就是進一步雜種化

後進的大城市如香港，它的再度本土化，並不是表示它要回到在殖民化、西化或外來化以前的那個原汁原味的「純真」本土，那是不可能的，而純真本土也並非想像中的那麼純真、那麼本土，深究起來可能也只是上一階段雜種化的成果而已。再度本土化是進一步的雜種化。譬如說，香港在五十、六十年代，強勢的英語、國語流行曲，與相對弱勢的粵語流行曲曾經並存，本土音樂人同時參照三種音樂，到七十、八十年代，粵語流行曲成了絕對主流的時候，新的香港本土粵語流行曲的雜種化程度比之前任何一個時期更高，往往曲子是由日本、美國的原創改編的，改編師及樂手是菲律賓人，填詞人是本地的粵語人，詞卻是典雅文言文加上白話文書面語，歌手原是唱英文歌的，如許冠傑、林子祥，或唱國語歌的，如羅文、甄妮，後改唱粵語歌。大家知道，粵語流行曲被認為是最有港味的文化表現之一，那港味意味着：有香港主體特色的雜種化。

後進大城市文化發展的這個特點，饒有意義。首先，接受雜種化的事實，香港這樣的地方才能建立文化自尊。如果源頭一定要主導支流，中心一定壓倒邊緣，純種一定優於雜種，很多後進大城市都沒法尊重自己建構的文化。

第二，香港與許多大城市如台北、新加坡以至巴庫、伊斯坦堡都很含糊的說自己是東西方文化的交匯點，並引以為榮，但若真的是交匯而不只單是並存的話，就應是跨文化的結合，即是混血或雜種。

第三，創新往往就是進一步的雜種化。純粹主義者或基本教義派顧名思義是不用創新的，而吸納新的、外來的，就是雜種化。

第四，要維護創新的環境，就要對雜種化寬容開放甚至加以鼓勵，這意味着需要有多文化主義的政策及社會風氣、尊重價值觀的多元性及擁抱世界主義精神。

這裏要補充的是：雜種化不等於說沒有根，而是多過一條根，雜種是兩個或以上的種的結合，是不能拆散還原的，還原就是能量的流失，就是死亡。同時，香港的經驗顯示，雜種化是可以有主體性的，更可能會強化一個地方的特色文化身份及在地人的文化認同。

雜種本地主義建構了香港人的主體性

七十年代後，香港文化再度本土化的經驗顯示，一方面雜種化程度加大，另一方面香港的文化特色越來越清晰，而且，香港人這個身份也越來越鞏固。香港身份的建立，除了因為富裕程度遠高於中國大陸、與內地的邊界加強等多種因素外，也有本土文化的原因。香港文化越有本土特色、越雜種化，就跟鄰近地區的文化越有差異，讓香港人分別出我他，也建構了認同的對象。因此，文化本土化加強了本土主體性，雜種化幫助建構了香港的文化身份。

理論上，香港訊息自由，雜種化的組合是無限的，一個香港音樂人可以只玩冰島的搖滾及非洲部落音樂。不過在現實情況，每個地方在能夠生產本土文化後，主體性也在加強，這時候的雜種化也受到本土主體性的選擇性的挪用，可以說，每個地方的雜種化也會有路徑依賴，所以在有本土主體性的大城市，雜種化才不致於造成文化分裂，反而因為擴大了當地與外地的差異而強化了大城市的獨特文化身份。

雜種本土主義還可以包括這樣一重意思，就是發掘、解放或重新演譯過去的及被當代本土所壓抑的文化。在殖民地化的香港，這個過去的及被壓抑的還不只是前殖民地的文化，還包括傳統中國文化、民國時期豐富的新文化，及香港人陌生的、由共產黨人在大陸建構的當代黨國文化。這些在一九九七年後都使香港增加了新的雜種化元素。

文化本土主義往往被認為是文化全球主義的對立，或是對外來文化的抗衡，為了保持自己文化的純真性或抵禦外來文化的侵蝕，而採用各種文化保護主義，到了極端甚至是閉關式脫鈎及基本教義主義。

不過在本土文化主體性已站穩的大城市如香港，本土文化的威脅不是外來文化，而是自由市場基本教義派邏輯的全面滲透。所以，為了使本土文化繼續創新，雜種化過程能延續，反而更要保證外來文化能佔一席之地。舉個例子：粵語流行曲在香港取得絕對優勢後，本地主要的音樂電台決定不再設英美流行曲節目，只有小眾的英語電台才播英文歌，結果香港粵語歌的品種一度收窄，音樂光譜遠不如台灣。本土化太熱後，市場短綫考慮可以窒息以後創新的資源，即外來文化。

因為創新是一種雜種化過程，同時是有本土主體性的，因此所謂自主創新，應該就是雜種本土主義。這個概念，不只是對香港這類大城市文化經歷的描述，還可以是文化發展的規範性的指導思想。

其他大城市的一些例子

香港的經驗，說不定還可以應用在別的大城市。

在八十、九十年代，廣州的電視觀眾，八成以上看香港兩個無綫電視台的節目。但到今天，香港節目的市場佔有率只剩下三成，說明大陸本土的節目在進口替代上取得很大成果。

二〇〇六年有一部香港和大陸合拍的電影叫《瘋狂的石頭》，在電影院上映時反應很好，但不少評論指出該片大量抄襲英美的警匪電影的手法，只不過它混雜了重慶地方的方言、生活感及當地的黑道文化，換句話說，是個雜種產品。不過作為商品和文化創新它卻是成功的，其中票房最好的地方是外省產品往往不容易打進去的廣東。

至於雜種化建構文化身份的例子也很多，如台灣的新台客風潮。更典型的例子是美國大城市非洲裔人啓動的嘻哈文化，以自己的特色音樂代替了主流音樂，加上混雜的服飾及價值觀，建構了自己的身份，然後輸出至主流社會及世界各地，成為年輕人的模仿對象，促生了全球各大城市本土的嘻哈文化。

大城市一方面消費着進口文化，另方面也比非大城市更有資源去開拓新的本土文化。但是要發展本土文化，不能只做代工，或只想輸出到外地市場，而是要找機會做出本土產品，作為進口替代，搶回一點本土市場。若能持續，本土產業就會茁長。

文化的再度本土化，一定要吸收外來的元素，這難免是個雜種化的過程。所謂本土，就是當前一切已在地的文化資源，都是可以挪用的。

不過，雜種化與本土化並不一定是共生的。當本土文化因為想輸出到別的市場，往往加入遷就別的市場口味的元素，結果可能會淡化本土性。最明顯的例子就是近十年來的港產電影，因為要照顧越來越重要的大陸市場，故意減少「港味」，加進想像中的大陸賣座元素。雖然雜種化的過程沒有中斷，結果卻是本土特色消滅，本土主體性受磨損，本土主義漸為區域主義所代替。

文化起義

對香港文化政治的一些想法

一、近期的「文化起義」，是港人有歸屬感的表現，可說是近四十年來有意無意間，官民共構的累積成果——認同香港、愛香港、以香港為家，有益有建設性，理應受到民間和政府的肯定。文化政治議題的出現，清楚的説明許多人 (卻不一定包括特區高官) 已擺脱了殖民地心態，不願意做過客、順民或純經濟動物，而要成為當家作主的公民。

二、這次的文化政治，並不是為了爭取個人或某個群體的利益，而是以港人為主體，因此對港人整體來説是有凝聚性而不是分化性的，性質上完全不同於近年美國文化政治的所謂「文化戰爭」，後者是指美國內部，不同意識形態陣營之間的的碰撞，是一種文化對另一種文化的分化性對峙，例如學校應教進化論還是創世論，同性結婚應否合法化，應否准許墮胎或幹細胞研究。美國的評論用語和概念往往會在香港擴散，但這次我們不要亂借用美國的文化政治概念。

三、文化起義是有積極意義的，因為它潛在的訴求是：香港可以變得更好。這個「香港可以變得更好」的訴求，是超過了但同時包含着「香港經濟該如何發展」的訴求，它反映了許多港人以在地居民的角度來想像美好生活，而這種對美好生活的想像是不能只用股票指數、地價、投資回報或GDP增長來涵蓋。

四、我覺得文化起義的取向，不是在否定香港要繼續發展，而是要矯正香港發展的某種偏食症。發展與保育，或經濟發展與文化發展，確需要達成一種平衡，現在的問題恰恰是不平衡，向某種經濟發展一面倒，造成發展過程中的文化缺席，出現發展觀和政策的嚴重偏食症。現在要做的正是恢復平衡，讓香港的發展觀更豐滿。從殖民地到特區政府，發展政策的偏食症降低了許多香港人的生活質素，並且已經反過來妨礙香港的經濟發展。譬如說，鄰近地區都在積極保育特色地區為城市增值，香港卻很落後的還在弄破壞性的舊區重建和填維港，要把香港變成無特色普通城市，消滅香港的吸引力。有些經濟行為，例如為了建公路而拆掉歷史建築及加重地區空氣污染，其實是會破壞香港的總體經濟價值的。讓文化缺席的經濟發展觀，不是聰明發展觀，是一種愚蠢發展觀。

五、集體記憶可以是進步的文化資本，有助於社會凝聚、身份認同、自我加持、自主創新。只有帝國主義、殖民主義和極權主義的政權才會要去消滅一個地方居民的集體回憶。維繫集體記憶的除了非物質的文化資產如語言、生活方式、通俗文化、書寫影音記錄外，也要依附在物質的場域，故此必須保育有回憶價值的建築物、商店、市集、社區、街道和公共空間，不只是古建築，還包括有特色有社區記憶的當代建築，不只是單一建築物，重點是要保育整片的建築群、特色地區和成熟社區。

六、文化除了建構身份認同外，至少還可以有幾個面向，一是把文化作為生活方式，每個地方每一個人都是有文化的、需要文化的、活在文化中的，二是文化作為意義、感性意識、道德與價值觀，三是文化作為教養與知識，四是文化作為特殊的行為活動，這個面向現在一般被方便的歸總為文化創意產業。這可說是文化的一體多面。香港新興的文化政治，要求伸張在地居民的文化權，這既是保育及安身立命的保守主義政治，也是追求自主創新、美好生活、和諧社會的的進步主義政治，當中都少不了集體記憶，也不能沒有應然性、規範性的前瞻和理想。

七、文化是矯正香港發展偏食症的其中一個議題，難得是引起各階層人士特別是年輕一代的共鳴，故此在現階段，文化議題顯得特別重要。但文化並不是介入香港發展偏食症的唯一議題，社會公義、民生保障、環保、民主有效管治等都是尚未充分實現的重要議題。這裏還涉及哪一種的經濟學、怎麼樣的發展觀的爭論。

八、主政者可能還在抓頭，為什麼從西九龍到天星，總未能預警到不少市民的反應，答案是主政者不習慣思考文化議題，在意識上遠落後於回歸後的新香港人。現在是給單軌思考的主政者一個教訓。文化是有物質力量的。

九、近年的文化起義意味着香港的主流發展觀和中環價值觀板塊的微震以至細部挪移，這就够讓原來的拼圖嵌不準、故事連貫不起來，就如蚌殼內有了沙子，蚌不舒服，不過在克服過程中卻孕育了珍珠。文化議題進入政治也會讓一些人感到突兀，但卻將是香港政治和豐滿發展的一個好契機。

補記：現在是什麼年代了？二〇〇六、二〇〇七年了，真想不到特區政府蠢到這個地步，今時今日還會去拆掉天星碼頭。

中國大陸應從香港的城市發展吸收甚麼經驗與教訓

香港特區只有不到百分之二十的地面是覆蓋着建築物的，另外的八成土地是沒有開發的。前殖民地總督麥理浩於一九七五年撥劃41,000公頃——佔全港土地百分之四十——為法定不准開發的公地，分屬二十三個郊野公園，這項政策讓香港所有市民至今都能享受到優美、便利的郊野休閒生活。

許多歐洲城鎮都設有城市界限 (city limit) 或綠帶，界限外就是農地或郊野，不准亂開發。北美地區則因為過去幾十年蛙躍式的開發郊區，出現低人口密度的亞市區 (sub-urb)、外市區 (ex-urb) 與邊陲城 (edge city)，人口分散，建築物無節制蔓延，餅攤得太大，公共交通系統失去了經濟效益，結果私人汽車文化主導了都會區域的規劃。現在一些開明的北美城市和區域如俄立岡州波特蘭市，重新設了城市界限，以促進市內的緊湊度，養活軌道公交，並保護市郊的農地和原野——真正可以共享的郊區，而不是被私人發展商東一塊、西一塊圍起來的所謂郊區。

中國如何迅速擴大城市化，同時保存農地和郊野，建立以軌道客運優先、有經濟效益的公交系統，減低對私人汽車的依賴？離不開兩大原則：設立城市界限和建高密度緊湊城市。

當然，香港的密度是過高的，以特區的百分之二十土地裝下七百萬人口，結果核心市區密度是每公頃超過一千人，相對於東京的一百五十人、新加坡的兩百人、北美密度最高的紐約市的一百零六人、歐洲之最的慕尼黑的一百六十人。可見香港是極誇張的例子，一平方公里內人口旺角區是十二萬，市區平均是53,086人，遠高於上海的16,364人，東京的5,934人。

至於每個人所佔的平均居住空間，香港卻小得可憐。到了二○○四年，公屋居民的個人空間，經過多次提高後，才由當年人均5.5平米以下，提高到了11.5平米。中國二○○二年全國人均居住空間是22平米，日本是31平米，英法德是37、38平米，美國是60平米。英法德日的中庸居住空間，應是一個發展中國家邁向高度城市化的座標。

故此，當我們說城市應該緊湊和高密度，我們不是要求香港式的密度和人均居住空間，而是追求歐洲、日本緊湊城市的最高密度和最低居住空間系數——核心市區每公頃200人、人均居住空間31平米。

使大家對高密度群居稍為安心的是在過去的35年，世界各地的社會心理學家多次在香港進行密度與社會病態的研究，結果發覺香港人還挺正常，看不出因為密度引發的顯著病態。有了香港作實驗，其他居住密度等而下之的城市可以放心。

上世紀七十年代，香港除了在舊城區邊陲建設了高密度高樓的中產樓區和福利公屋外，並在香港島與九龍市區以外的新界大建新城，或叫衛星城，以紓緩人口壓力。這些新城不是上世紀初以6,000英畝土地、三萬二千人口為理想的「田園城」，而是動輒五十萬人口以上的高密度高樓工業城。這裏有幾個教訓：

首先是人算不如天算，當初以為下放輕工業到新城，有助於新城就業上自給自足，誰知道大陸改革開放，香港製造業北遷珠三角，工業新城沒有了工業，何來足够的就地就業機會？這說明一個地方的產業單一化是有風險的，因為每個產業都有周期性，並受地緣政策影響。更重要的一點是：在盡量促進就地就業之餘，要認識到新城是不可能完全自給自足的，它們是繞着核心城的衛星，兩者必然有大量的人貨交往。

其次，就要說到軌道客運公交系統了。香港的屯門新城，居民大都要回舊城區上班，開始的時候沒有軌道公交連接核心市區，只修了汽車公路，結果不單是進城要花一、兩個小時，浪費能源，污染空氣，製造城區交通堵塞，還意外頻生，多少人成了公路亡魂。不優先安排好相對快速、頻密的軌道客運公交系統，就根本沒有資格去談新城規劃。衛星新城與核心城區之間的汽車道路主要是為了貨運，就客運汽車來說也以公交車為先，私人汽車的流通只應是輔助性的。

另外，香港的許多新城，往往只是睡眠城，大不了蓋個大型商場和學校，缺乏對「場域營造」(place-making) 的追求，而且因發展商各自為政，各小區互相隔離，區內居民階層單一化。當年的屯門，黑幫横行、是青少年犯罪黑點。今天的天水圍新城，自殺率冠香港。這裏面的成因很複雜，但新城往往有城之名，卻無城的肌理，恐怕是原因之一。新城舊城都是城，有的建得好、有的建不好，這裏皆宜參考「新城市主義」的建議：一個好的城區，功能和階層多元混合，要便利徒步穿行，這樣街頭才會熱鬧，有行人，也有商店，不要搞中看不中用的景觀，避免出現無人氣的模糊地帶，街道不宜太寬，街區不能太大，居民有社區歸屬感，這樣的城區，往往犯罪率也偏低。

不過，當年香港決定建新城，並把新城建成高密度，就人口密集的地區而言，總的來說是一個正確的大方向。試想想中國成了發達國家，若用法國這樣重視農業的國家為例，也有六成以上人口住在城市，假設到二〇二五年中國16億人口中也有六成多是城市人口，就已經有10億城市人，需要100個一千萬人口的城市才裝得下。唯一的出路是：

- 在保育老區風貌的同時，把現有城內新區建得更緊湊；
- 區域整體協調，增建高人口密度的大型新城環繞現有城市；
- 用軌道客運公交系統連起核心城區和衛星新城。

屆時如果城市人還想保護農地和享有真正郊野的話，新城舊城都要自設城市界限，阻止低密度建築物在界限外蛙躍式蔓延。這樣說，香港城市發展的經驗，有好有壞，是有參考價值的。

街道、城市和我的五個錯誤想法

一

我年輕時候對城市的想法，現在看來都該受點批評。

- 我渴望開着私家車，在街道上奔馳。
- 我認為理想的住家是個獨戶獨幢的洋房，前後環着草地泊着兩輛私家車，每個小孩有自己臥室，家中有超大廚房和多個衛生間或浴間。
- 自從新的海運大廈 (現海港城的一部份) 在一九六六年開業後，我心目中理想的購物是在有空調的大型室內商場進行的。
- 如果你問我，未來的城市是什麼模樣，我會以香港中環一九七三年建成的五十二層摩天樓康樂大廈 (現名怡和大廈) 做榜樣——讓整個城市都變新，建築物都變高變大，變成康樂大廈吧。
- 我以名勝、奇觀、渡假、購物、娛樂和摩登性來想像別的城市，也以同樣角度來理解香港。

我相信我不是唯一有這五個想法的香港人。到了今天，碰到別人有這類想法，我很能代入他們的心態，並對他們的欲求有着理解，只是想跟他們說凡事必需有節制。我覺得恐怖的是政府官員、民意代表甚至城市規劃者竟仍然還有這五個想法——他們真的不曾吸取過去五十年的教訓。最可惜的是在九十年代後的中國，沒有借後發的優勢去吸納好的經驗，卻往往像在把我小時候幼稚的想法，通過強力的公權去一一實現。

二

本來，五個想法的頭四個，實現得最徹底的是美國，但當我親歷其境，感覺到的不是興奮而是鬱悶，看到的是亞市區 (suburb)、外市區 (exurb)、邊陲城 (edge city) 和瀝青地面的無節制蔓延，及核心城市的衰敗。當中產階級和藍領都逃離城市，住進低密度亞市區的小洋房，攤大餅就免不了，距離拉遠，公共交通失去了經濟效益，私家車為王，高速公路主導了都會區布局，事無大小都要開車，造成解決不了的塞車和耗能問題，生活圈離城日遠而單調的環繞着公路出口旁鞋盒型的大商場、大型學校，在一片前不沾村後不沾店的荒地中央矗立巨型辦公樓，四周不用說是瀝青停車場——這是城市之死，用評論家庫斯勒 (James Howard Kunstler) 的說法，這叫「什麼都不是的地方的地理面貌」(geography of nowhere)。

現在美國人均居住空間是600方呎，遠高於西歐人的380方呎，而且都會區六成以上人口是住在城外低密度亞市區，其中大部份是佔四分一畝地、半畝地或一畝地獨戶獨幢的平房，這就算在平地多、油價低的美國，尚造成資源生態重負和社會隔離問題，中國、印度必須引以為戒。

如果只是少數幾個人開大汽車、住郊區大洋房，問題反而不大，就像廣東人吃野味、日本人吃鯨魚，若只是一小撮人所為，大家不用緊張，但當人人為之，則成災。如果私家車只作休閑用，更多人擁有車子也不成問題，但是像北京這樣的城市，新都會區建得不够緊密，把面積攤得很大，通勤綫越拉越長，公共交通又不足，市民惟有自己開車，結果是越修路人們越有期待越買車越塞車。過去幾年北京每隔兩年就新增近六十萬輛車，相當於香港現有的私家車總量。香港人日常出行，公共交通使用率在百分之七十五以上，而北京的公交卻只承擔了不到百分之三十的出行量。

三

上世紀至三十年代初，歐美的大城市已不像十九世紀般穢亂，甚至可以說當時的規劃者和建築師的觀念是比較對的，那時期建好的歐美城市和樓房往往也是比較優秀的，只是有的後來受戰火、不景氣時期的失修或市政府重建計劃所破壞。換言之，我在上文所說的五個想法，是在三十年代特別是二戰後才發揮肆虐威力的。

我自己喜歡的少數倖存的北美城市，如三藩市、波士頓、曼哈頓、波特蘭、溫哥華、蒙特利爾，它們的核心城區恰恰沒有被五個想法徹底滲透，雖然都曾受到局部破壞，不過它們的近郊亞市區往往逃不掉上述的五個魔障。

歐洲名城一般保育得比較好，而且很多都設有城市界限或環城綠帶，可是它們的郊區依然會陷入上述五大迷思，譬如巴黎城中心很好，環路以外在二戰後的發展就參差不一了。

好的歐美當代城市首先改變了我的城市美學，然後才促使我反省：若果我喜歡的城市都不是依五個想法建出來的，那麼我年輕時的城市觀可能就有問題了。我觀察到一點：一個城區，只要主街道是繁榮的——馬路不寬不窄，容易穿行，街上有行人有商店，不同年齡的建築物緊密並存，商住混合，公共空間有社區感，公共建築近貼鬧區成為小巧地標，同時不管路彎路直，建築物能形成連綿街牆 (street wall) ——總是讓人喜歡的。

四

本來在上世紀初，好的建築師都很講究聯境(context)，即自己建築物跟四周街道和其他建築物的聯繫，特別關注的是路面那層步行人的體驗，而不是自戀的只顧自己的那一幢從遠處觀看時的外形。可是到了二戰後，受現代主義影響，建築師的心態變了，往往忽略了路人街道的公共層面——現代主義原教旨大祭師勒·柯布西耶的名句之一是「殺死街道」，即消滅有行人的街道，代之以高速車路，把各個隔離的、孤島型的超大高廈連接起來，再不用考慮什麼行人和路面聯境。

只是，建築物是不能獨立只看自己的，在地面那層，它不只是一堵牆中間開個門口，它要照顧到與街頭的關係。從這個角度看，康樂大廈是挺糟糕的例子，它不幸的給一條高速路切斷了它和對面市區的關係，而在地面那層，它以半密封的外牆拒人於外，完全是空地中豎一幢巨廈的落伍行為。同樣的地面毛病出現在中環東端的長江大廈和新中銀大廈，延續了中環邊的沉悶地帶、失落空間。

貝聿銘建築所設計、一九七六年落成、六十層高的波士頓漢考克大廈(John Hancock Tower)可以說明我的意思。該摩天樓從動工開始就風風雨雨：地基不穩、工程差點弄塌旁邊的歷史古蹟聖三一教堂、1973年玻璃幕牆就開始掉下來、到竣工還有評估說它會倒。不過漢考克大廈後來因為備受注意，不斷加固，玻璃幕牆脱落的問題也被克服了，因此才有後來貝聿銘在羅浮宮的玻璃金字塔建築和香港新中銀大廈：現在漢考克大廈是安全的，只是在高層辦公的人有時候會感到搖晃。作為波士頓一個老區的唯一摩天樓，我們甚至可以用反差的美學來欣賞它，既是地標，也是絕佳的眺景點，可惜911之後大廈頂層觀景台因安全理由不再開放。這都是題外話，我要詬病的是它地面那層跟四周街道缺乏互動，製造了大段沉悶的失落空間，倍加不幸的是它毗鄰由著名的佐佐木建築所設計的嵌入式考布里廣場 (Copley Square)，因為路人視綫受阻，該區有一度竟成了吸毒者和劫匪出沒、低級酒吧進駐之地。這裏想説明的是：著名建築師可以是糟糕的城市建設者，因為他們只顧自己的建築物和廣場設計感。

我們再看看銅鑼灣的時代廣場，它向街道開放的一面，有地鐵出口和小廣場，與對街的商店互相呼應，人氣旺盛，但它的另一面，是密封式的，街道就冷清下來，對街商店也受影響。這些鬧市裏的大型建築，地面處理得宜可以帶旺整個區，反之則拖累街坊。

香港因為人口密度高度街道較不容易死，故此就算市區內有大型密封式商場，商業街還可以存活，兩者兼備是我們的幸運，我個人至今喜歡在街上行走，也喜歡逛商場。不過，一個城市的多元特色是在它的街道，而不是懷特 (William Whyte) 所批評的「市區堡壘」的孤島式密封建築。香港已經不算是東亞唯一的購物樂園，海運大廈式大商場作為遊客招徠的時代已過，我們以後的吸引力可能更依賴有本地風格的街道、小店和社區，而不是充斥跨國連鎖店的大型商場。

這裏我沒法細數這五個根深蒂固想法的後遺症，只是認為從宜居、城市競爭力與可持續的角度，這五方面都應被檢討，是當前重要的思想改造。以前香港人認為貪污是必然的，是生活方式，甚至是有利經濟運作的，現在我們知道不是那回事。觀念改變是不容易，但不是不可能。

五

如果把我年輕時的五個想法倒過來又如何？

1. 城市的建設要考慮到節能，最理想是讓市民能靠步行完成生活和工作的任務，退而求其次是使用腳踏車及全力發展各種公交特別是軌道交通，讓一般人上班時候不用自駕私家車，留給非繁忙時間及假日享用——難道那不是原來駕駛樂趣所在？

2. 住在節能的高密度緊密城市，每人平均居住空間不要過大，與日本的310方呎至西歐或北京的380方呎看齊就很好了。

3. 限制孤島型密封商場在市區的蔓延，讓街道上的商店生意興隆，途人如鯽。看街頭的景況，我們就知道那是不是一個有特色的城市。

4. 作為主張城市應該高密度和緊密的集中主義者，我當然不排斥高樓，但不會像柯比意那樣認為越高越大就越好。從紐約、北京等城市的經驗，局部地區限高是有效保育城區的方法之一，而城區的整體風格，是比一幢建築物的形式感更重要。一幢新樓要挑高，它騰出的地面空地可以成為有意思的公共空間，但在現實的更多情況下卻破壞了街道的連綿性。所有建築物包括商場、辦公樓和政府建築都應為社區增添色彩，意味着建築物與街道要共同形成互通的緊密街牆或共享的公共空間，而不是自私的密封或任意凹後，像孤島一樣，造成沉悶的界外效應——密封或凹後建築物向街道一面的所謂景觀裝飾、綠化、成片的草地甚至美麗的花木是沒意義的，依然是中看不中用的失落空間，對繁榮街道的貢獻只稍勝於把面向街道的空地改成停車場。

5. 從宜居來看自己的城市，把城市當家園。我年輕時的五個想法，皆漏掉了最重要的一個觀念：社區。若我們重視自己的社區街坊，我們自然會想到可持續性，珍惜成熟街區，維修各代的建築物，限制車輛在住宅區和學校區的速度，減低全城廢氣排量，注重公共空間的場域感 (sense of place)，確保新建築要符合人的尺度 (human scale)，說不定與此同時還會帶來愉快的效果，因為這樣才會有地方特色，增添多樣性，更吸引遊客及創意階層的移民。

大城市往往有四種區域，即前現代歷史古城區、成熟社區或老區、新區，及新城或衛星城。歷史區應盡可能保留建築和街道外貌。成熟老區也是無價寶，不應大片的拆建驟變，而是要保育漸變，精耕式的加入現代配套、有節制的改建或修飾個別建築物，以維繫社區肌理。任何人口在增長中的城市，開發新區及建新城是必然的，硬體當然是新的了，更可以採用高樓，但佈局仍應參照雅各布斯或現在叫新城市主義的城市設計理念，不要把新區建得像北美的亞市區、外市區、邊陲城，更不要把新城變成睡眠城。交通方面則應以軌道客運及公交為優先。這樣的緊密城市新舊並重，兼顧經濟發展，地方特色及社區營造。

我不想把事情說得太簡單，好像一切懸於一念。舉一個正膠着的香港例子：意氣風發的公營機構「土地發展公司」在富裕的上世紀九十年代作出了一堆虛妄承諾給舊區居民，簡單說就是高價收購舊區樓房，然後拆掉給地產商去建新樓，拆字掛帥，愚蠢無比，幾成了破壞香港城市的頭號犯，只因金融風暴才難以為繼。現在，這些對舊區居民不切實際的承諾要由二○○一年成立的市區重建局去買單，共二十五個重建項目和兩百個重建計劃，這在經濟上是做不到的，而且就算有錢，今天的社會情緒也再不容許像以前那樣無厘頭的拆舊區，但是如何安撫期待過高的舊區居民，補償他們被耽誤的歲月，同時避免大面積拆舊樓，改以精耕的方式善育舊區，確是件不容易的事，需要市民和公部門對城市觀念的新思維及對公共資源分配的新共識。不過有一點可以肯定，今時今日，誰敢亂用推土機解決問題，誰就該被市民轟下台。

住在雅各布斯的城市*

城市不是好東西，這在西方是根深蒂固的見解，可以追溯至舊約聖經以伊甸園為世上樂土而以富裕的所多瑪與蛾摩拉城為淫惡之淵，這種反城市的意識，工業革命後隨着當代大城市的出現變得越演越烈，貫穿着西方近代和現代文學、社會學以至城市規劃理念，一直到了最近的四五十年才逐漸扭轉過來。

如果只以一個人來象徵這場心態的巨變，我提名美國人簡．雅各布斯(Jane Jacobs)，一個沒有什麼學歷，不曾受過專業訓練的普通市民，憑着常識與良好的判斷，加上勇氣、毅力與生花妙筆，站在居民的立場，像大衛挑戰巨人，揭破有權有勢規劃者的皇帝新衣，一士諤諤，顛覆了幾乎所有近代的規劃教條，促成對城市理解的典範轉移，還移風易俗孕育了新一代的城市人如我們，讓我們現在敢公然說：大城市可以是好的，城市生活可以是好的。

雅各布斯一九三四年中學畢業後，由出生地賓夕凡尼亞州一個礦區搬到紐約布魯克林投靠她姊姊，多方找工作之餘到處亂逛，偶走進格林威治

* 雅各布斯2006年4月在多倫多逝世，享年八十九。

村，很直覺的喜歡那個充滿工藝商店的社區，遂偕姊搬到那裏，在一家糖果廠任秘書，並開始自由投稿，後又在一份建築行業雜誌找了差事，報導城市規劃，工餘寫書，兼參加居民組織反對「更新」格林威治村，並曾因此被抓，沒想到卯上的是權傾一時、當時被譽為全美國最偉大建造家的公共建設「沙皇」羅伯特．摩西 (Robert Moses)，後者正密鑼緊鼓要建高速公路穿過曼哈頓下端，若計劃得逞，就沒有了我們今天知道的格林威治村、華盛頓廣場、唐人街、蘇荷。雅各布斯等當地居民與跋扈的摩西持續抗爭多年，終在一九六四年成功迫使紐約政府放棄拆城建路計劃，意味着以摩西為代表 (政令由上而下、以照顧私人汽車為優先、以公路工程主導城市布局) 的年代的逐步終結，也是一個嶄新城市建設理念、風氣和鬥爭的開始，雖一時間停止不了北美部份傳統城市的崩解，卻為一些舊城區的延續和復蘇留下種籽和願景，特別是雅各布斯把所見所思，寫在她一九六一年的處女作《美國偉大城市的死與生》(*The Death and Life of Great American Cities*) 一書內，生動的利用實例道出一個城市之所以成為好城市的秘密：小街區、高密度、功能混合、不同年齡的建築物並存、保持街頭熱鬧、減少沉悶地帶，甚至不要亂建面積過大的公園。如此簡單卻如此有理，讓人茅塞頓開，在北美和英國造成極大迴響，沒有這本書開路，很難想像最近20年北美一些大城市如何能起死回生，堪稱為影響城市規劃的第一書。

當然，許多當年以至今天的學院派、規劃者和發展商不會同意這說法。當時有位對城市素有研究的出色作家叫劉易斯·芒德福 (Lewis Mumford)，眼見該書所向披靡，忍了一年氣才在《紐約客》雜誌上譏諷的說：雅各布斯大媽用家庭藥方對治城市癌症。芒德福遠沒見識到往後這個家庭藥方的威力。作為城市史家的芒德福，自己也正在苦思現代人群居的理想形態，他與大部份同代知識份子一樣，不喜歡大城市，主張在郊外建立精心規劃的小城，思想根源來自分散人口的區域主義與十九世紀末英國人埃比尼澤·霍華德 (Ebenezer Howard) 所倡的田園城。

霍華德本身也是個有意志力的業餘遠見者，他歸納了十九世紀最後二十年的眾多主張，包括離開折磨人的工業大城市，回歸田園，集體認購郊野荒地，有計劃的自建小城，讓居所與耕地、大自然水乳交融，將克羅泡特金式的無政府主義者自力更生、自願合作、自我管理的烏托邦理想付諸實踐，從改革社會的激情、浪漫美學的想像和歸田潛意識層面打動人，激活了不少英國和北美追隨者去嘗試籌建田園城，雖多以失敗告終，至今天仍讓不少發展商、建築師和規劃師激動不已。只是歷史弄人，激進的田園城美好意願在馴化後，成了郊外富人綠化小區的招徠，更諷刺的是，在北美變形促生了低密度亞市區住宅群，特別是五十年代後由發展商拉維特普及化的、相對平價的郊外小洋房社區，所謂利維特城 (Levittown)，全面開動了北美的亞市區蔓延。

芒德福所處的美國是反城市意識的沃土，自拓荒野宅地 (homesteading) 是美國個人主義和建國迷思的一個主題，而城市向來不乏批評者卻鮮有辯護士，無論是愛默生、梭羅等超驗主義者，杰弗遜、哈定、古烈治等政治領袖，厄普頓等現實主義小說家，還是「耙污」新聞工作者，皆對城市投不信任票。至於當時代表美國社會學的芝加哥學派，更以實證研究強化這種貶抑大城市的取向。芝加哥學派師承德國社會學家西美爾 (G. Simmel)，而西美爾以他一九〇三年的《大都會與心智生活》等著名文章奠定了空間社會學裏對當代大城市的批判態度，雖然西美爾其實並沒有如另一個影響芝加哥學派至深的德國社會學家騰尼斯那麼一面倒的仇視大城市。囿於這樣鋪天蓋地反城市的時代氣圍，飽學但厭惡工業城市的芒德福，雖有很多好想法，大方向卻一直轉不過來，年邁時他知道田園城理想難以實現，更接受不了亞市區無節制的蔓延，但始終未能對症下藥。

用一個跳躍的比喻：若果說芒德福像是以寫小說《子夜》來批判上海大都會的中國作家茅

盾，雅各布斯則像是以庸俗抗當代、以參差美學包容上海小市民的張愛玲。

現在，我們知道低密度亞市區不見得就是安樂鄉，而高密度大城市所提供的生活選擇是難以替代的。大城市裏有些雅各布斯式的街區，可能更適合現代人聚居的需求與欲望。

回頭再說雅各布斯，她當時的對手包括幾乎所有在城市問題上有話語權的人，如名重一時、主張田園小洋房「廣畝城」的建築師法蘭克·洛伊·萊特 (Frank Lloyd Wright)，主張人口分散的區域主義者如帕特里克·蓋迪斯 (Patrick Geddes)，和田園城烏托邦份子——雖然霍華德認為他以6,000英畝土地、三萬二千人為目標的田園城是集中而不是分散人口。

只是，雅各布斯必須左右開弓反擊的敵人，還不止是上述各類反大城市份子，更有兩種對城市具備同樣兇猛殺傷力、似是而非的強勢規劃理念：城市美麗運動與現代主義。前者挾美化、更新、改造、重建之名拆掉混雜舊城區，代之以輝煌的建築、景觀、廣場，突顯着富貴與榮耀，是好大喜功執政者——包括希特勒和斯大林——所鍾愛的城市理念。後者是源自抱負大、自我更大的歐洲先鋒派建築師，眼睛看着未來，口頭唸着新社會新人類，卻誤將未來等同機械式設計，以「由零開始」除舊立新代表進步，欲以包山包海但掛一漏萬的宏大規劃主宰人類群居的需求與欲望，卻罔顧這種需求與欲望其實是參差的、小眉小眼的和多元的。現代派原教旨大法師勒·柯布西耶(Le Corbusier)所主張的「光輝城」(或譯作「輻射城」)，本來在原生地歐洲並沒有被大規模的實現，卻在二戰前後飄洋過海，去到印度、澳洲、南美洲，以及文化精英崇歐成性的北美洲，在新大陸——特別是在美國重點大學有關學系內——找到近親繁殖的樂土。平心而論，現代主義建築有它革命性的意義，驟變了人類栖居的面貌，在解決高密度集居和技術經濟效益來說都無可替代，有的現代建築或許是功能上成立的、美學上有趣的，甚至可以是生活上圓融的，但是原教旨現代主義的城市觀，如柯布西耶所倡導者，則是災難性的，例證是他親自在印度規劃的昌迪格爾市，他追隨者所建的美國聖路易市普魯易蒂–伊戈廉租樓區，同路人所建的巴西首都巴西利亞。

芒德福、田園城份子與主張人口分散的區域主義者認為解決大城市問題的答案在城外，即放棄大城市，而城市美麗份子與柯布西耶式現代主義者則認為解決大城市問題的辦法在城內，就是拆掉當代大城市，以讓位給他們心目中的未來城。

這時候，小婦人雅各布斯逆風而起，挽狂瀾於既倒，指出許多高密度、緊密型的當代大城市其實問題不大，既有的混雜城區甚至是挺好的，「在舊城表面的無序之下，是一種美妙的秩序」，一言興城，惠及我們這些幸運兒，今天仍可以找到甚至住進雅各布斯式的城市或城區。這裏，懇請不要把過度士紳化後的雅皮社區，或新城市主義不足之處，或垃圾場不要在我家後園的心態，都怪在雅各布斯頭上，她對這三個問題都有不同的看法，而且她已經教曉了我們怎麼樣的城市才算是好，現在輪到我們去爭取、凝聚集體意志、在公共領域辯論、聽證、游說、立法、規劃、行動。

公共建築的公共任務

公共建築是公共物品(public good)，涉政府對公共資源的運用，故此要接受公共質詢與問責。

在一個以民為本的社會，公共建築的目的肯定不是為了宣揚政府的高大威猛。

有些「公共利益設施」(public-benefit facilities)如機場、會議中心、體育場或博物館是全城市共用的，故可以多帶景觀考慮，不過在香港這一個不乏標誌性建築物的城市，我認為我們其實沒有逼切的需要去建更多龐大或炫耀性的公共建築物來作為全港性的地標。大部份的公共建築都應是分散在各社區內的。大部份現代公共行政與服務都沒有必要匯集在一個地點。

分散的公共建築卻可以是一個街區的地標，除了完善功能性的目的外，還可以為社區增添親切、實用的公共空間。用「新城市主義」(New Urbanism)的說法，公共建築基本守則包括不要破壞現存社區、不要遠離民居和公共交通點、不要放棄有歷史的舊樓、不要把密封的牆壁面向馬路做成街道沉悶地段、不要在建築物前弄一塊停車場或中看不中用的景觀、不要過度集中政府功能在一幢建築物內——

因為同數目的政府錢分散了可以造福不同的街區。

換句話說，公共建築可以為城市各街區的「場域營造」(place-making) 作出附加貢獻——

要與區裏現有建築物在功能和美感上有所聯動，而不要只顧自己精彩，要讓使用者容易理解與感到親和，而不是迷惘甚至畏懼，要節能、便民、符合人的尺度 (human scale)，而不要大而無當。

不管是舊城區、新城區或新市鎮，讓居民有親切歸屬感的「場域營造」都應是建築師與城市建設者致力所在。相反而言，破壞社區場域營造的公共建築則是拙劣的公共建築，至少是規劃不夠周詳的。

現代城市的先驅設計師華格納 (Otto Wagner) 在十九世紀末已主張城市裏的每一幢建築物必須跟它鄰近街區的建築物風格上有聯動，他要求學生在設計一幢建築物時，同時繪劃出所處街區的整體布局，並且要照顧行人走過建築物時的體驗，這個看似不起眼的要求，其實有助於新一代建築師注意到城市內建築物與環境的聯動性，而不是只考慮建築物本身以滿足發展商的利益極大化或設計者的自我炫耀。

華格納與另一位同期設計師西提 (Camillo Sitte) 皆強調先細心研究城市的肌理才作出建築物的增添，並主張統籌區內建築物共同形成可親的公共空間。二人學理取向各異，但都主張「聯境主義」(contextualism)，影響所及，後來直接間接 (西提影響了上世紀初的荷蘭設計師) 締造了偉大的歐洲城市如維也納與阿姆斯特丹。

維也納與阿姆斯特丹都有先進的公屋經驗。

我們討論香港公共建築的時候，不要因為政府部門的分工而漏掉公屋。公屋是指政府提供的民居和各種附屬設施，是公共建築的一大宗，更是最貼近民生、最常有爭議性的公共建設。

上世紀二十年代的維也納政府公屋建設，大概是現代城市的首個大規模公屋計劃，住進了十分一的城市人口。有意思的是維也納的公屋是分布在私人住宅區內的 (不像後來很多政府把公屋聚集到城市邊陲地區)，每個設計格局都不一樣，但每一個項目都接近公共交通點，並附有診所、圖書館、育兒園、游樂場、零售商店、公共綠地以及小劇場。這些公屋建築，在體積上只是稍大於鄰近民居，而風格與門面設計既有所創新，也保持與鄰近建築物的整全連貫，不像後來其他城市的公屋設計往往讓人一眼就可以感到單調廉價。維也納公屋既做到在保持街區風格的連貫性之外增添城市多元風彩，亦完成了不讓公屋居民因居所被貼標籤而加深歧視的社會融合目的，以當時第一次世界大戰後的條件來說，是了不起的成就。

阿姆斯特丹在一九五七年成立的公屋機構「城市復修公司」(Stadsherstel) 更成了全世界的老師。它找出舊城區的普通居民樓，加以精心復修和配上現代的室內裝備，以作為低收入市民的公屋，優先權給原居民以持續社區居民階層的組合，做到同時提供公屋、保育舊建築物、提升城區整體價值和維持社區原本階層組合的多重目的。它聲譽卓著到了一個程度，每次只要 Stadsherstel 的招牌一豎，說要復修某一幢居民樓，該樓附近的業主就知道只要他們也加緊修繕，該區的物業價值都會上升，可以說是以公共資源誘發市場力量去激活一個街區的更新。

Stadsherstel 在一九五七年已懂得一點：復修城市的方法首先是維修老居民樓。作為反面教材的是香港特區二〇〇一年才成立的市區重建局 (Unban Renewal Authority)，該局公開的使命第一條是「加速重建，去舊立新」，英文版說得更清楚："to accelerate re-development by replacing old buildings with new"——renew 就是拆。

維也納與阿姆斯特丹的經驗不可能照搬，但卻很有啓發性。在最好的情況下，願意花心思的公共建築決策者和設計者可以兼顧功能、適用度、效率、經濟效益，同時實現社會公正、環保與社群融合，提供出色設計，並從而成就一個宜居而有格調的城市。不論是公屋、政府辦事處、郵局、公園、室內菜市場以至一條行人天橋，每一項公共建設都是一次運用公共資源改善城市綜合條件的機會，故也是公共建築的任務。

公共空間、公共物品、公共藝術*

今天研討會的主題是公共藝術與公共空間，我想我集中說一下公共空間這個概念。

大家知道公共藝術可以說是出現在公共空間的公共物品 (public goods)，而一個城市的面貌是由公共空間和私人空間共同營造的，因此沒有好的公共空間，城市面貌必然有很大的缺陷，沒有好的公共空間，也談不上有好的公共藝術環境。

什麼是公共空間呢？

這裏，我說的公共空間，英文包括 public space, public sphere, public domain, public realm 等說法，是城市設計的用語，而不是指社會學和政治哲學的公民社會理論所說的公共領域，如哲學家漢娜．阿倫特 (H. Arendt) 一九五八年以公共領域 (public realm) 作為公民交往之所，或社會學家哈貝瑪斯 (J. Habermas) 一九六二年提出的概念，把咖啡館、文化沙龍、報紙雜誌都列為公民社會的公共領域 (public sphere, public arena)。這方面的討論在華文知識界相當盛行，有時候更把公共領域翻譯成公共空間，反成了公共空間

* 本文為CBD國際商務節《公共空間的創意》國際研討會 (2006 北京) 發言稿。

一詞在許多人心目中的主要含意，所以，我在這裏要特別作出說明，為了方便討論，我今天將是側重談城市設計定義上的公共空間，而把社會學和政治哲學的討論放在背景。

私人建築的室內部份，或被框起來、公眾進不去的私家地，包括私人小區、私家路、私家園林等，當然不算是這裏談論的公共空間。

至於咖啡館，商場，電影院、主題公園、畫廊等，雖然往往被稱為半公共空間，我在今天的討論裏也不會多談。

這裏只補充一點，私人開發或經營的場所，對一個城市的面貌是可以起作用的。例如在桂林與陽朔之間，現在有一個由私人發展商建設的雕塑公園，裏面還有藝術家工作室，一般人想起桂林陽塑，可能不會想起這個雕塑公園，但是世界各地有些藝術群體，就已經把它作為桂林陽朔甚至中國文化地圖的一個標誌。這裏我想說的是有些私人開發的半公共空間，是可以關係到一個地方的面貌、形象、定位、品牌與想像的，並成為城市對外的名片，雖然它們不是我下文討論的主要對象。

同樣道理，美國學者奧登堡（R. Oldenburg）一九八九年所提出的在住家與工作場所之外的所謂第三空間，今天也不談了。

公共設施的室內部份，被稱為室內公共空間，包括運動場館內，圖書館內，社區中心內、歷史文物建築內、公交車站內、地鐵站內、機場內和政府機關對外開放的部份，以至學院校園等。室內公共空間是有很多公共藝術呈現的機會的，不過，今天我將不會談太多室內的公共空間。

郊野非私人土地，在中國應算是公眾的，但今天我想把範圍定在城鎮室外的公共空間。

這樣下來，我下文所說的公共空間，一是指街道、公路、天橋隧道，包括行人天橋隧道，二是指廣場、公園和建築物前的空地，三是指建築物、景觀、戶外廣告的公共面貌，即面對公共空間方向的呈現，四是指各種建築物體之間的關係和因此形成的公共空間形態，五是指在這些公共空間上的設施與活動。用英國學者蒂博斯(F. Tibbalds)最簡單的說法，公共空間就是「你從窗門往外看到的一切」。

可以看到一點，公共空間很大部份是由公共和私人建築的外在形態共同構造出來的，很大程度上是受到公共和私人建築的擺放和建築物之間的關係所制約的，建築物擺放，和之間的關係不對，公共空間就不對，反過來說也可以——公共空間如街道、公路、廣場、公園的規劃，也影響公共和私人建築的佈局。

因為街道、公路、廣場、公園等都是政府的規劃，公共空間的好壞，也反映了政府城市規劃的好壞。

可以說，公共空間的形態，雖然要把私人建築的公共面貌和擺放形態計算在內，並且要商店、行人、活動參與者等多方位的市民參與，卻不是由市場決定的，而是在基礎規劃上由政府主導的。

當然，政府可以借用私部門的力量。有些大規模的開發案，政府甚至可以不完全作微觀規劃而是引導私人發展商去提供有意思的公共空間，這方面倫敦港區 (London Docklands) 的廣欄項目 (Broadgate project) 和香港太古城項目是值得參考的個案。

優秀的公共空間是需要正確的指導思想和好的規劃，而政府是責無旁貸的。一般來説，很多現代化過程中的城市，如果政府的認知有誤區，公共空間的處理都會很糟糕。

公共空間是公眾共享的，本身就是公共物品。私部門是沒有太大經濟誘因去提供公共物品的，故需要公部門即政府的承擔、規劃、提供和保養。既然是公共物品，當然要以人為本，公平享用，兼顧宜居和經濟發展，締造和諧社會。

1. 公共空間提供的公共物品包括四個層面：
2. 公共空間的基本建設，如鋪路和維修道路、路面清潔、地面和地下的七通管道建設和保養等；
3. 公共傢俱的提供：包括街燈、交通燈、交通指示牌、欄杆、垃圾桶，坐椅、公共景觀、紀念碑、城市雕塑等——要注意適用性、便利性，安全性，要容易被理解、美觀、不妨礙步行和交通、避免擾民。

4. 建築物的界外效應——關係到建築物和它的景觀是否造成沉悶地帶、治安危點，或空氣、聲音、光污染，以至建築面貌的美學維度和與周邊環境的協調性。
5. 公共空間作為生活世界，城市人不能只活在私人空間，還必然會使用公共空間，故此要講究公共空間是否符合人的尺度和需求，是否讓人覺得可親、有意思、有認同感歸屬感，用城市設計的語言是要有場域感 (sense of place)。公共空間的好壞，是要看它是否有場域感、看它的場域營造 (place-making) 是否成功。

這是城市建設理念較有爭議的部份，因為有兩大取向：我們要奇觀城市還是要宜居城市，兩者是否可以兼顧？

(1) 若是奇觀城市，顧名思義，是以吸引觀賞者的目光為前提的，在這思維引領下，往往出現的一種建築形態，就是建築物都想以自己為地標，在一片大空地中央拔起巨廈，周邊圍着中看不中用的景觀，建築物以飛地或孤島形式獨立存在，互不相連，甚至故意互相拉開距離，公共空間因此空曠、寬大，卻不一定能形成有意思的共享場域，不利穿行，卻適合坐在行駛中的汽車沿途遠觀，這情況下，公共藝術自然偏向體積大的大作品主義 (monumentalism)。在這種公共空間中的文化藝術活動，也會像嘉年華、球賽、音樂會一樣，一下聚集很多人，活動過去人潮就各散東西。

(2) 若是宜居城市，首重當地居民的生活質感、工作方便、社會階層的和諧共存和社區認同，各建築物互相協調，共同構成符合人民生活尺度的公共空間，便利徒步穿行，這樣的公共空間全天都有不同形態和功能的活動和適量的人氣，這情況下，提供公共藝術是為了配合和加強社區的身份營造、場域營造。

像北京這樣的超大城市，兩種訴求都會有，既要奇觀，也要宜居。這兩方面不容易兼顧，但也不一定完全不能共存。奇觀地區的公共空間還是可以做得比較有場域感和符合人民需求的，如芝加哥的千禧公園 (Millennium Park)，而宜居地區本身就一定有它的可觀性，甚至可以適量的包含一些奇觀，倫敦岸邊 (Bankside London) 的混合發展就是一個值得研究的例子。

我自己常想，香港的港島城區，由上環、中環、灣仔到銅鑼灣有這麼多行人天橋，本身已是奇觀，港島可說是天橋之城，如果其中一部份能在規劃階段就在預算內留出一個百分比，請設計家、藝術家參與其事，每條天橋都可以成為公共藝術，既是香港獨特的奇觀，又能反映地區街道鄰里特色，為那個地點的場域營造作出貢獻。

不過，許多城市在發展過程中往往會過份強調了奇觀，而犧牲了宜居。

如果建築物是物體 (object)，公共空間可說是是城市的肌理 (fabric)，瑞士學者米爾斯 (P. Von Meiss) 在一九九〇年說：二十世紀城市化的基本問題是各種物體的繁衍和對肌理的忽略。中國學者張永和也有物體城市一說，他說物體如果不能構成好的城市肌理，最後城市不見了，只剩下物體。就是說，如果公共空間的規劃不好，城市也不會好，這情況下，公共藝術作為公共空間裏的公共物品，也不可能化腐朽為神奇。

最後我引用英國前皇家城市計劃院的主席蒂博斯的城市空間設計十大原則作為結語：

1. 場域的整體考慮是在個別建築物之上；
2. 向過去學習，並尊重現存的狀況；
3. 鼓勵用途的混合；
4. 以人的尺度來設計；
5. 鼓勵自由徒步穿行；
6. 服務社會各階層並諮詢他們；
7. 建出來的環境要容易被大家理解；
8. 只做耐久和有應變能力的建設；
9. 避免同時期過大規模的改變；
10. 推行精妙、愉快和視覺上悅目的人為環境。

中式工藝美術現代風格

一項辯解，兩項反思*

《時尚家居》二○○七論壇主題是中式的時代形象，這是是一個非常大的題目，主持人殷智賢說不用談傢具，不用談空間，我跟主持人說，我還是願意具體的談傢具、談空間。就談中式工藝美術現代風格在家居和裝潢上的一項辯解和兩項反思。

我在大陸的時候去很多朋友的家，也看到很多傢具店，有些是工廠，我發現的確有一種風格的傢具出現了，我叫它中式的工藝美術的現代風格。

這個風格跟傳統的風格，跟傳統的傢具不完全一樣，但是跟一般理解的現代的和西方所代表的現代風格也不完全一樣，但是都有共通點。我就想說這一點。這樣的風格算不算現代的設計呢？很多人可能有質疑、有貶抑。但是我覺得這個風格還是成立的。

因為如果我們把現代的理念理解得比較寬的話，我們會發覺這種風格也是上世紀開始的現代風格，可以說也是一種主流的變種而已，並不是說很難理解。我們知道在十九世紀末，在英國出現工藝美術運動，這個運動到上世紀初，在北美和歐洲到

* 本文初稿為《時尚家居》2007論壇《中式的時代形象》發言。

處都是很流行的，主張尊崇和繼承發揚很多手工藝，另外注重原材料的特性。這種風格可惜在一次大戰就斷了，到大戰以後歐洲比較明顯出現的風格，就是以德國為代表的所謂現代主義的現代風。這個現代主義大家知道是經過包豪斯 (Bauhaus)、Deutscher Werkbund 等很多著名的機構的推廣。包豪斯的創始人之一格羅皮烏斯 (Walter Gropius) 在一九一九年的時候還認為自己要繼承工藝美術的潮流。在之後幾年他的確改變了，以機械為對象，使用新材料，以標準化和抽象一點的幾何形式作為設計，希望能夠量產，這些都是很好的出發點。這個現代主義變成大家認識的現代風格的主流。

這十幾、二十年大家研究文獻的時候發覺，其實當時的現代風有很多條路，其中一個就是我們現在所謂的北歐的現代主義。因為北歐沒有受一次大戰的震撼，所以它的現代主義是把工藝美術的潮流一直延伸，北歐的現代主義叫軟性的現代主義，現在我們從北歐的傢具中還可以看得出這一點，他們用木材，比較尊重工藝的傳統，好像出名的芬蘭設計師 Alvar Aalto 夫婦，一九三一年設計了一款是膠合板木頭的扶手椅，也是綫條很簡潔，着重功能性及廉宜性，符合現代主義主張，但是裏面圓形的彎的東西跟德國或匈牙利、荷蘭、瑞士的現代主義風格不一樣。另外，丹麥的銀器大師 George Jensen 和有幾百年傳統的皇家哥本哈根瓷器工廠也對現代風格作了丹麥式的演繹，就是說現代主義其實也有另外不同的路，尤其是跟工藝、材料和本土傳統結合得比較好的。

其實在當時有很多民族或地方色彩的設計都是同時存在的。比如說一九二五年和一九三七年巴黎兩次重要的設計博覽會，出現經典現代主義設計，例如一九二五年瑞士設計師勒·柯布西耶 (Le Corbusier) 在巴黎博覽會上展示了一個廳，裏面有很多傢具，是現在所謂的現代主義室內空間的標誌性代表，不過，其實也有很多設計是有民族和地方色彩的。除了英國、法國這樣做，很多當時歐洲的小國家都希望推自己的設計出來，他們唯一的路其實就是把地方風格跟現代感結合。比如一九三七年波蘭的設計師就很努力地也很成功地把波蘭的風格和現代感的東西結合。

從這個角度看，現代設計本身就該涵括了工藝美術，二十世紀初的北歐和丹麥的軟性現代，民族或地方風格，加上現在大家知道的像包豪斯及後來北美的所謂國際風格的現代主義。

從這種廣義的現代感覺，所謂中式的工藝美術現代風格絕對是一條可以走的路，雖然它不是中國傢具設計唯一要走的路，而且走得好或不好是另外一回事。說到辯解，就是我們不要看不起這種風格，我覺得這種風格有潛力發展，而且是理直氣壯的一種現代風格。

我有兩個反思點。其中一個就是我們不要以為中式是純粹的不變的東西，其實任何風格都是交雜演變出來的，過了很長時間慢慢變成自己的東西。中式也是一個標籤而已，是一直在變的，並沒有說固定不變的本質。中式傢具往往跟沙發這種西式的傢具在同一個家庭出現，沒有一個家庭可能全部是純中式的，譬如大家廚房裏的咖啡機，可能是 Braun 的產品，那是二戰後德國現代主義的標誌性工業產品。不過同時家裏的瓷器卻可能是英式花紋的。很多中式傢具是做了很多傳統沒有的功能，比如說沙發前的咖啡茶几；比如我們把飯桌變成長的；就像床，架子是中式的，墊也不見得是以前中國的墊。所謂中式裏面有明朝、清朝，或者更早一點，也有少數民族的風格。所以我想讓大家把中式理解為發展中的臨時概念，而不是說不變的，或要找出它的本質來排擠其他風格，我們要理解它只是一個臨時運用的標籤。它只是比東方兩字更好一點，所以我們用中式兩字。

另外一個反思點就是，中式工藝美術風格的傢具用很多木頭，有環保的問題在裏面。我舉個例子，有一種木頭叫印茄木，在中國叫菠蘿格。這個木頭是原始森林硬木，出產於印度尼西亞、馬來西亞和新幾內亞。這種木頭在印度尼西亞的採伐是屬於非法的，非法開採、非法運輸和販賣，而有百分之九十的非法木材是運到中國的，做地板和傢具，當然然後一部份製成品是賣到別的國家去的。就是因為別的國家的需求和中國越來越大的內部需求成了這些非法活動持續下去的誘因。其實我們還可以有別的選擇的，可以用國際森林管理委員會FSC認可的森林出產的木材來做，沒有必要用原始森林的印茄木、印度尼西亞白木、南美桃花心木等等高危木材來做，這不只是美學問題，裏面有道德問題。我們是主張持續、主張和諧世界的國家，我們的形象要在方方面面兼顧到，其中一個就是我們怎麼獲取全世界的資源來使用，我們的守法度、承擔取向怎樣？這也是我們的時代形象非常重要的一環。

作者簡介

陳冠中，原籍寧波，上海出生，香港長大，曾住台北6年，現居北京。就讀香港大學和波士頓大學，修社會學、政治學和傳播學。

著作：《馬克思主義與文學批評》(1982)、《太陽膏的夢》(1984)、《總統的故事》(1996)、《什麼都沒有發生》(1999) 、《佛教的見地與修道》(1999合譯)、《半唐番城市筆記》(2000)、《香港未完成的實驗》(2001)、《波希米亞中國》(2004合著)、《香港三部曲》(2004)、《我這一代香港人》(2005)、《移動的邊界》(2005)、《事後：本土文化誌》(2007)、《城市九章》(2008)。

1976年創辦香港《號外》雜誌，並曾在90年代中任北京《讀書》月刊海外出版人。

監製或策劃多齣香港電影包括《等待黎明》、《花街時代》、《癲佬正傳》、《聽不到的説話》、《不是冤家不聚頭》、《殺手蝴蝶夢》等及美國電影“Eat a Bowl of Tea”、“Life is Cheap”等。

編寫舞台劇本《傾城之戀》及《謫仙記》，電影劇本《等待黎明》、《花街時代》、《不是冤家不聚頭》等及合編的《上海之夜》、《烈火青春》等。

參與創辦台灣《超級電視台》和大陸《三聯生活周刊》、《大地唱片》、《現代人報》等項目。

參與發起環保及文化團體包括綠色力量、綠田園有機農場、香港電影導演會等，現為綠色和平國際董事。